生活垃圾焚烧发电厂典型事故及异常案例汇编

深圳市能源环保有限公司　组织编写
钟日钢　刘汉俊　刘小娟
王友明　王　超　编　著

中国环境出版集团·北京

图书在版编目（CIP）数据

生活垃圾焚烧发电厂典型事故及异常案例汇编 / 深圳市能源环保有限公司组织编写；钟日钢等编著 . —北京：中国环境出版集团，2021.6

ISBN 978-7-5111-4774-5

Ⅰ. ①生…　Ⅱ. ①深… ②钟…　Ⅲ. ①垃圾发电—发电厂—事故分析—案例—汇编　Ⅳ. ① X705 ② TM621

中国版本图书馆 CIP 数据核字（2021）第 122607 号

出 版 人　武德凯
责任编辑　孙　莉
责任校对　任　丽
封面设计　彭　杉

出版发行　中国环境出版集团
（100062　北京市东城区广渠门内大街 16 号）
网　　址：http://www.cesp.com.cn
电子邮箱：bjgl@cesp.com.cn
联系电话：010-67112765（编辑管理部）
010-67112736（第五分社）
发行热线：010-67125803，010-67113405（传真）

印　　刷　北京市联华印刷厂
经　　销　各地新华书店
版　　次　2021 年 6 月第 1 版
印　　次　2021 年 6 月第 1 次印刷
开　　本　787 × 1092　1/16
印　　张　14.5
字　　数　227 千字
定　　价　68.00 元

编委会名单

序

深圳市能源环保有限公司自2003年首批垃圾焚烧发电厂投入运行以来，伴随着行业发展快速成长，各生产运营厂克服了无数困难，最终取得了辉煌的成绩。同时，由于生产现场设备品类繁多、生产工艺过程复杂，近年来，随着公司第一批生产设备老化及新项目机组的批量投运，部分运营厂出现了事故增多并有较大设备事故发生的现象。事故原因分析结果显示，多数事故与设备设计选型、安装调试或检修质量有关，同时也与工作人员现场处理问题的能力不足、缺乏经验有关，惨痛的教训一次次为安全生产工作敲响警钟。

生产必须安全，事故不应再现。为了认真吸取事故教训，提高对各类事故危害的认识，了解事故原因，采取针对性防范措施，有效消除同类型事故隐患，杜绝恶性事故发生，深圳市能源环保有限公司生产管理部组织编写了《生活垃圾焚烧发电厂典型事故及异常案例汇编》一书。望所属企业各级领导和广大员工高度重视，认真组织学习讨论，从中吸取教训，提高专业人员技术水平以及现场处理和解决问题的能力。

深圳市能源环保有限公司

2021年6月

前言

《生活垃圾焚烧发电厂典型事故及异常案例汇编》是根据已投入运行的垃圾焚烧发电厂发生的事故及异常事件，由深圳市能源环保有限公司生产管理部专业人员收集、整理，结合事故经过，分析了每件事故的原因，并提出了针对性的防范措施意见。本书在编制过程中得到了相关领导及各生产厂的大力支持，在此一并致谢。

本书共收录典型事故及异常事件 56 例，按专业类型分成四篇：电气类、热控类、机务类、环化类。另附录《南方电网公司反事故措施》有关条目。

由于编者水平有限，书中尚有不足之处，敬请广大读者批评指正。

编　者

2021 年 6 月

目录

1

电气典型事故及异常事件篇

案例1　发电机定子损坏事故

【简述】

某厂机组C级检修后发电机起励升压失败，而在励磁调节柜切换运行方式时，由于发电机出现了过电压导致发电机出口开关柜内过压保护器发生爆炸，从而使发电机定子线圈受损。

【事故经过】

2019年12月28日，某厂机组C级检修后发电机起励升压时，励磁调节器（北京某电力技术有限公司GEX-2000）A通道自动升压失败，ECS显示机端无电压，调节器报通道CHA告警、CHB告警。检修人员检查励磁调节柜、发电机电压小室未发现异常，随后分别将A、B通道运行方式从手动切至自动方式，但发电机仍未建立正常电压。检修人员再次将发电机运行方式切至A通道，并将运行方式切至自动方式后，此时发电机出口开关处发生爆炸，发电机及主变差动保护动作。过程记录如下：

1. 运行操作盘起励。

22：07：24：818投励，22：07：25：249 CHA自动运行，22：07：27：437自动运行退出，转手动运行，22：07：28：038 CHA告警，22：07：28：369 CHB告警（SOE记录，下同）。

2. 励磁调节柜切换运行方式。

22：13：35：166 CHA手动运行退出，22：13：35：278 CHA自动运行，22：13：36：644自动运行退出，22：13：36：749转手动运行，22：13：36：536发电机后备保护启动（励磁速断过流保护启动），CHA、CHB告警持续。

3. 励磁调节柜切换运行通道。

22：18：38：591 CHA手动运行退出，22：18：38：701 CHB手动运行，CHA、

CHB 告警持续。

4. 励磁调节柜切换运行方式。

22：27：40：196 CHB 手动运行退出，22：27：40：307 CHB 自动运行，22：27：41：683 自动运行退出，转手动运行，22：27：41：575 发电机后备保护启动。CHA、CHB 告警持续。

发电机保护屏记录，22：27：40：888 发电机后备保护启动（励磁速断过流保护启动）。

5. 励磁调节柜切换运行通道。

22：32：42：744 CHA 手动运行，22：32：42：855 CHB 手动运行退出，CHA、CHB 告警持续。

6. 励磁调节柜切换运行方式。

22：33：16：844 CHA 手动运行退出，22：33：16：955 CHA 自动运行，22：33：18：735 #1 变压器差动动作，22：33：18：746 发电机差动动作，22：33：18：841 灭磁开关分闸。

检修人员初步检查后，发现发电机出口开关柜内过电压保护器（安徽某电气技术有限公司 SKB-A-17/400）被击穿炸裂，发电机定子线圈端部绑扎线已经断开。检修人员将发电机端盖打开后，发现发电机定子线圈绝缘受损较严重。

【事故原因】

1. 励磁调节器 PT 断线原因分析。

故障录波器录波图、发电机保护录波图及励磁调节器记录显示，发电机升压时对应的励磁调节器量测 PT（UG1）只有 A 相电压、仪表 PT（UG2）为三相电压。根据励磁调节器 PT 断线判据原理，当发电机升压至约 1.2 kV（线电压）时，系统报 PT 断线并切换至手动运行方式，以保持发电机励磁电流为 80 A（设定值，后续 V/HZ 限制动作后均强制恢复至该值）、发电机线电压约为 3.2 kV。励磁调节器 PT 断线动作正确。由于每次 V/HZ 限制（1.25 倍额定）动作后发电机均会被强制恢复至励磁电流 80 A，发电机线电压恢复至约为 3.2 kV，因此励磁调节器 PT 断线一直保持在动作状态。

根据录波器中三相电压相位基本相同原理，A 相值稍大于 B 相、C 相值，如果发电机保护中只有 AB 线和 CA 线有电压，BC 线无电压，就可以判断只有 A 相有电压（U613）输出，B 相、C 相无电压输出。由于 PT 二次电压接线回路中串接的 PT 小车位置接点经多次检测验证，存在接触不良的情况，所以可以判断本次投运时 B 相、C 相未正常导通。

2. 励磁调节器输出异常。

故障录波器及励磁调节器记录发电机曾有 3 次短时过电压（图 1、图 2），且 3 次短时过电压均发生在手动方式切至自动方式时，并受 V/Hz 限制动作退出。励磁调节器在记录最高值 1.44 倍额定电压、故障录波器记录最高值约 1.7 倍额定电压时，发电机后备保护有启动但未动作出口。

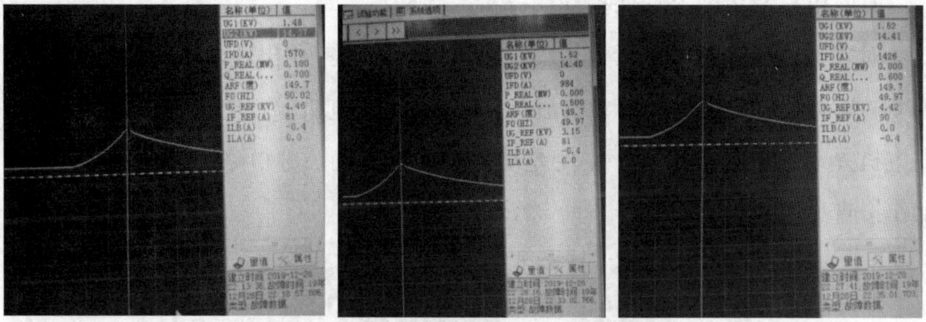

图 1　励磁调节器记录发电机电压

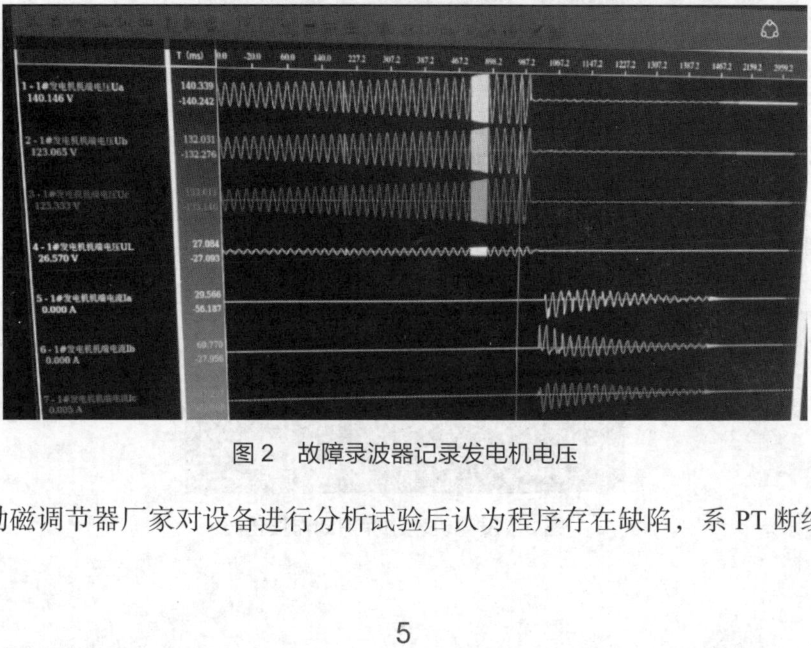

图 2　故障录波器记录发电机电压

励磁调节器厂家对设备进行分析试验后认为程序存在缺陷，系 PT 断线闭锁标志位在励磁调节器方式选择开关切至手动位置时自动清零，即PT断线闭锁功能解除，故当励磁调节器再次由手动方式切至自动方式时发生类似强励输出。

3. 发电机出口开关柜过电压保护器爆炸分析。

发电机出口开关柜配置安徽某电气技术有限公司SKB-A-17/400型过电压保护器。根据最近一次试验报告，即2018年4月7日交接的试验报告，该批次过电压保护器工频放电电压均满足要求，最低电压为17.7 kV，绝缘满足要求。本次事故发电机电压最高值约为1.7倍额定电压，过电压保护器启动放电，由于三相同时放电电流过大，造成过电压保护器热崩溃而爆炸。该装置选型值得商榷，开关柜供货与设计图纸不一致，且工频放电电压都太低，故判定其不适宜用在发电机出口。

4. 发电机及主变差动保护动作分析。

对发电机保护录波进行分析：发电机中性点侧三相出现电流时，机端电压降为0，差动保护动作时的最大电流为42.50 A（发电机额定电流为3.44 A），因此发电机差动保护动作正确。主变差动保护动作正确（分析略）。发电机差动保护动作报告见图3。

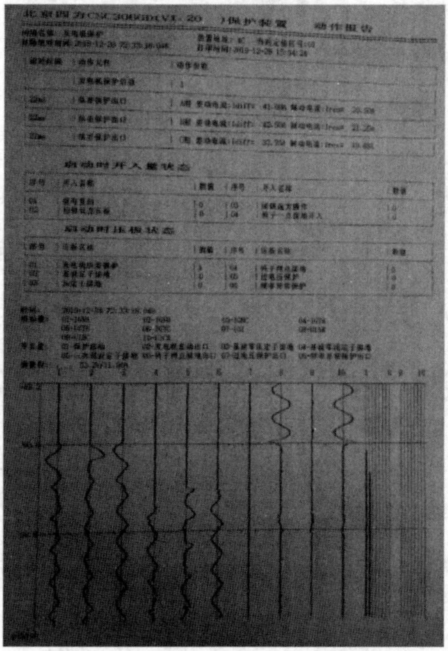

图3 发电机差动保护动作报告

5. 根据以上分析，可以判断此次事故为励磁调节器输出异常造成发电机出现过电压情况，致使发电机出口开关柜内过电压保护器出现击穿放电，直接形成发电机出线对地三相发生短路。由于放电电流过大，过电压保护器发生爆炸，发电机定子线圈承受了较大的电动力，导致端部绑扎线及线棒绝缘受损。

【防范措施】

（1）北京某电力技术有限公司 GEX-2000 型励磁调节装置在功能上存在缺陷，如手动方式切换自动方式时无 PT 断线闭锁自动调节功能、V/Hz 限制不及时等情况下发电机出现过励磁。应要求厂家针对性地限制励磁调节器运行方式，加强启机过程控制采取有效措施，杜绝该类励磁异常事故。如果不能彻底解决调节器存在的问题，应择机更换励磁调节器。

（2）过电压保护器选项不当，设计图纸（招标技术规范书要求按图供货）与开关柜供货不一致，且工频放电电压都太低，不适宜用在发电机出口。因此应按《南方电网公司反事故措施（2015）》相关要求执行反事故措施。

（3）现场多处 CT、PT 二次接线与图纸不符，特别是发电机出口 PT 二次至励磁柜接线出现错误，使励磁调节器 UG1 量测 PT（调节器工作用）与 UG2 仪表 PT（比较用）用反；PT 二次接线串联有 PT 小车位置接点。因此应按《防止电力生产事故的二十五项重点要求》（国能安全〔2014〕161 号）相关要求执行反措。

（4）应加强运行及检修人员培训，组织学习《防止电力生产事故的二十五项重点要求》（国能安全〔2014〕161 号）、《南方电网公司反事故措施（2015）》等，提高现场事故判断处理能力。针对起炉、并汽、启机并网（含发电机由冷备用转热备用）等操作票应进行检查梳理，杜绝缺项、顺序错误等。应组织学习完善现场事故（缺陷）处理预案，特别是针对 PT 断线、CT 开路、直流接地、10 kV 系统（含发电机）单相接地处理等。

（5）公司内部应组织学习、预防同类事故的发生。应要求各厂（特别是新投产项目）对照本次事故发现的问题，从设计、设备选型、安装接线、保护定值、调节器限制定值、调试记录等方面，检查梳理本单位相关设备、文件，对发现的问题应及时采取措施，确保机组设备运行安全。

案例 2　发电机非同期并列事故

【简述】

2012 年 1 月 5 日，某厂在停机操作过程中解列发电机出口 501 开关时，因同期回路接线及逻辑错误导致 501 开关分闸后自动合闸，造成发电机非同期并列事故。

【事故经过】

2012 年 1 月 5 日，某厂按照检修计划（工期为 1 月 5—13 日）于当日停机检修，停机操作过程中解列发电机出口 501 开关时，501 开关发生分闸后自动合闸的情况，造成发电机非同期并列并引起保护动作，501 开关跳闸后再次发生自动合闸。发电机发生非同期多次合闸、保护跳闸，最后强制断开 501 开关控制电源。

【事故原因】

1. 501 开关分闸后自动合闸分析。

检查发现，501 开关与 10 kV 出线 F12 开关同期控制回路发生接线错误，图 1 中 1D56 与 1D57 两个端口接反，致使同期控制回路长期导通。华立特公司在 2010 年 12 月对电气监控系统软件升级过程中，未充分考虑同期回路组态可能会发生改变。项目完工前，华立特公司虽然对继电保护装置进行了校验，但未对控制回路组态进行详细的检查和确认，使得 501 开关和 F12 开关同期回路的组态发生错误，最终形成开关合闸寄生回路，导致发电机非同期并列事故的发生。

2. 501 开关跳闸后再次自动合闸，发电机发生非同期多次合闸分析。

发电机出口 501 开关防跳继电器所并接的续流二极管被击穿，导致 501 开关防跳功能在该次事故中未起作用。该厂在检修时未进行必要的试验，未能及时发现开关防跳功能失灵重大隐患，致使开关多次非同期合闸，这是导致事故扩大的原因。

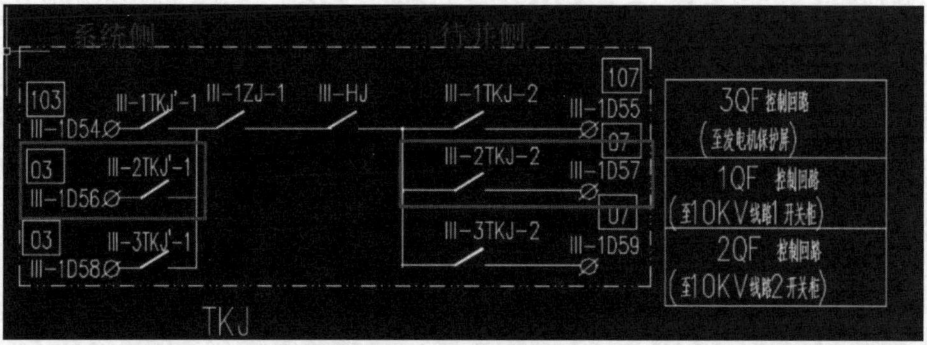

图 1　同期控制接线图

在电气监控系统软件升级过程中，该厂未制定完善的试验验收程序、标准及要求，未考虑到监控软件升级可能会造成同期回路组态发生改变，项目竣工前也未对涉及的设备和系统组织进行全面、系统、规范的检查验收，使得同期回路的组态错误最终形成开关合闸寄生回路，导致发电机非同期并列。

【防范措施】

1. 消除设备技术缺陷，完善系统本质化安全。

（1）修改 10 kV 出线 F12 开关控制回路的错误接线，保证该回路接线正确。

（2）联系华立特公司修改电气监控系统软件组态错误，形成发电机出口开关和 10 kV 线路出口开关同期选线的相互闭锁。同时，同期并列点的投入、退出状态应设置明确的信号显示。

（3）在两个同期选线回路串接空气开关，防止同时选择两个同期回路而出现的合闸寄生回路情况。更换发电机出口 501 开关防跳继电器并接的续流二极管，或在二极管上串联小电阻，恢复开关的防跳功能。改正 10 kV 垃圾电厂线 F12 开关、两台厂用变高压侧开关厂家防跳回路的设计缺陷。

（4）机炉的 DCS 控制系统和电气监控系统相互独立，存在 DCS、保护装置、监控系统时钟均不一致的情况；电气监控系统采用单机单网，监控系统事故和操作记录项目不全等问题，建议增设发电机故障录波、GPS 调时等装置，并对系统进行一次全面的升级改造。

（5）保护装置（含同期装置）于 2003 年投运，至事故发生时已运行近 10 年，根据电力系统的相关规定（继电保护装置一般使用年限为 8～10 年），建议择机更换。

（6）开关柜原接线和端子设计容量较小，接线端子极容易滑丝，存在安全隐患；开关防跳回路采用的防跳继电器已出现元件损坏（501 开关回路二极管击穿）且无法更换开关接线，端子排更换也较困难；开关柜至事故发生时已运行近 10 年，事故中又多次切断故障电流，故需要更换。

2. 加强专业技术管理，完善系统设备技术资料。

接线错误暴露出了该厂在历次检修中没有对电气二次回路进行查线、紧固、试验和必要的更换工作，致使该厂 10 kV 垃圾厂线控制回路长期带病运行，直至事故的发生。因电气检修人员未进行查线，一直以来未能及时发现电气控制回路图与现场实际接线不符的情况。据了解，2011 年 5 月，该厂曾安排人员对系统图进行修订工作，从结果看，此番修订工作未达到预期效果，错误的系统图仍被上报、执行。各生产现场要利用年度大、小修，对电气二次回路进行一次全面的对线、检查和试验、绘图工作，特别是同期回路、防跳回路和保护回路，确保接线正确、动作正常，图纸与现场实际相符。

3. 同期并网操作结束后应将同期屏相关选择把手（或旋钮）置于退出或闭锁状态，同期装置停用。

案例 3　#2 主变及 #0 启备变零差保护误动跳闸

【简述】

2019 年 3 月 22 日，某厂 110 kV 系统发生 B 相接地短路，#2 主变及 #0 启备变零序比率差动保护动作并出口跳闸，发电机停机。

【事故经过】

2019 年 3 月 22 日 01∶05∶26，某厂 #2 主变高侧开关 1102 及 #0 启备变高侧开关 1104 发生跳闸，#2 发电机停运，发电机出口电抗器开关 704 开关跳闸，出现厂供电系统失电停运情况。当值人员立即将情况汇报给中调，并前往现场检查，确认跳闸原因为 #2 主变及 #0 启备变零序比率差动动作，零序比率差动动作跳开 1102 和 1104 开关。110 kV 态白线 1789 开关处于合闸状态，无任何保护动作，110 kV 母线电压正常。现场运行人员检查启备变正常，测量启备变绝缘合格后，经向中调申请后在 3 月 22 日 01∶13∶03，合上启备变变高 1104 开关，#0 启备变重新受电，用电系统恢复。

【事故原因】

1. 故障录波检查。

检查当时录波情况：（1）110 kV 母线 B 相电压瞬时降低，A 相、C 相电压不变（图 1）。（2）#2 主变高压侧 B 相电流瞬时增大，B 相电流远大于 A 相、C 相电流，A、B、C 三相电流方向相同，产生较大的零序电流（图 2）。（3）110 kV 态白线路 B 相电流瞬时增大，B 相电流远大于 A 相、C 相电流，A、B、C 三相电流方向相同，产生较大的零序电流。（4）启备变高压侧三相电流瞬时增大，方向相同，产生较大的零序电流（图 3）。（5）发电机机端 A 相、B 相电流增大，方向相反，C 相电流基本没有变化（图 4）。

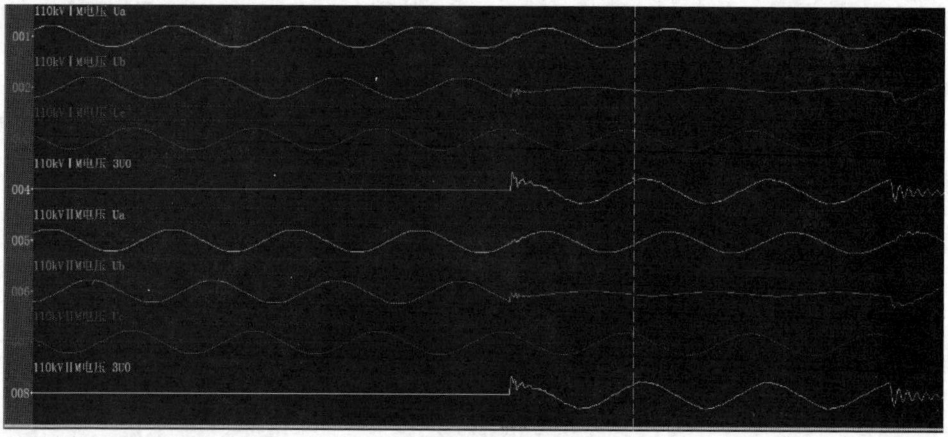

图 1　110 kV 母线电压

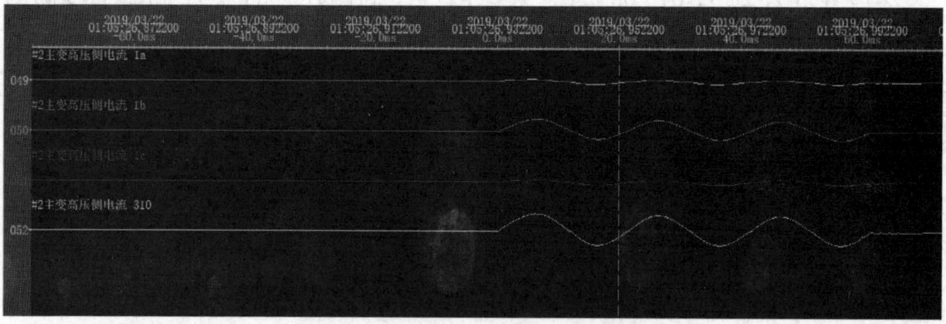

图 2　#2 主变高压侧电流

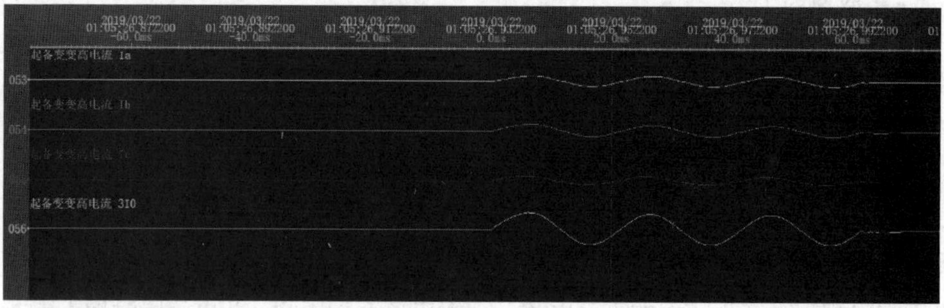

图 3　启备变高压侧电流

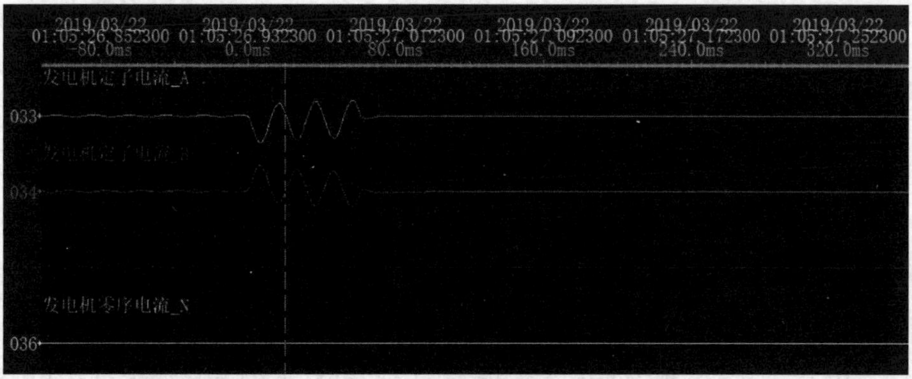

图 4　发电机机端电流

2. 保护装置检查。

检查 #2 主变及备变保护装置，都是零序差动保护动作，出口跳主变及备变高低压侧，保护出口正常。#2 主变保护装置动作报告如图 5 所示（备变保护装置报告略）。

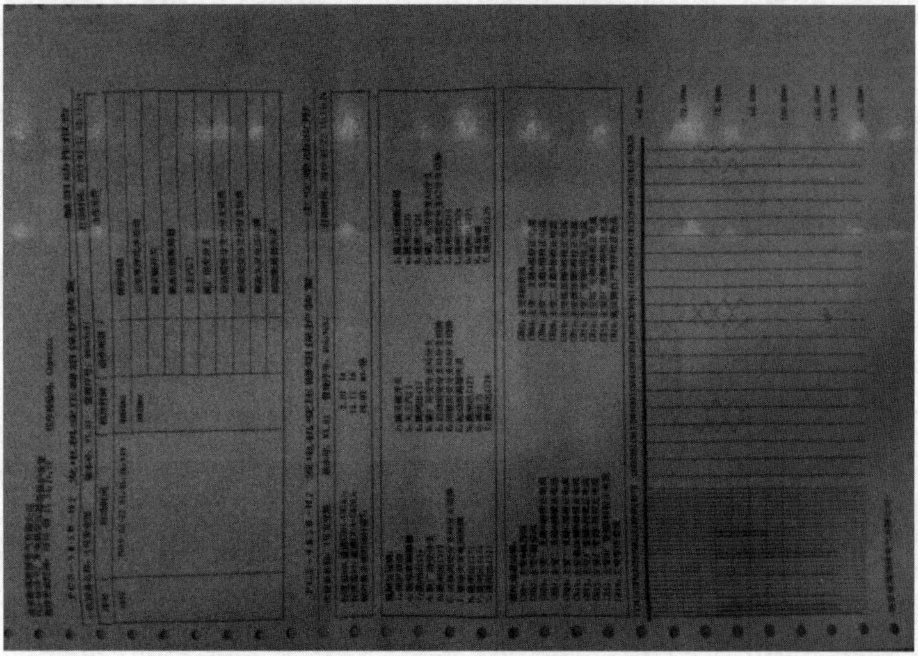

图 5　#2 主变保护装置动作报告

结合故障录波各电流电压的变化，确认 110 kV 系统发生了 B 相接地故障，产生零序电流，导致 #2 主变及启备变高压侧零序差动保护动作。变压器零序差动保护范围是变压器高压侧绕组到变压器高压侧开关这一段母线，发生这种系统故障时，故障点在变压器高压侧零序差动保护范围之外，零序差动保护不应该动作。

经检查，零序差动保护的电流一路来自主变高压侧开关处三相电流的自产零序电流，一路来自变压器高压侧中性点套管零序 CT。保护装置要求变压器零序差流为 0° 接线方式，现场变压器高压侧开关处三相 CT P2 指向变压器，变压器高压侧中性点套管零序 CT P2 指向变压器，零序差流一次方向为 180°。但由于单体调试人员错记为变压器高压侧中性点套管零序 CT P1 指向变压器，致使总调人员误认为零序差流一次方向为 0°，在没有进行 CT 极性校核的情况下进行操作，导致进入保护装置的二次电流方向为 180°。当发生区域外故障时，保护装置采集到的零序差流为两路零序电流之和，大于制动电流，保护发生动作，引发事故。

【防范措施】

通过更改变压器中性点套管零序 CT 的二次回路来改变极性，并经通流检查后确定极性及接线正确。同时，暂时将变压器零序差动保护出口控制字改变信号，不出口跳闸。

案例4　10 kV Ⅰ段母线PT烧损及保险烧损事件

【简述】

2019年2月27日22:29，某厂发生1115PT被烧毁事件，全厂设备处于单体调试状态，调试电源为10 kV涂电105保安电源。

2019年9月12日19:05，运行人员在巡检电子间电气设备屏过程中发现故障录波动作，调取报告发现10 kV涂电105保安电源电压发生突变，就地检查发现1AH2 10 kV Ⅰ段电压互感器柜微机消谐装置U_a突变到41.84 V。

【事故经过】

2019年2月某厂处于单体调试期，只有辅机处于运行状态。2019年2月27日22:09，运行人员巡检高低压配电室时，发现1AH2 10 kV Ⅰ段电压互感器柜微机消谐装置U_a突变到50.12 V，U_b突变到20.36 V。因该厂处于单体调试中，运行人员在发现故障后第一时间对10 kV Ⅰ段进行了停电处理，拉出1115PT后发现B相互感器已经被烧毁，A相互感器出现裂纹。

2019年9月某厂一炉运行，10 kV涂电105保安电源对10 kV系统供电，#1锅炉变运行，#1渗滤液变运行，#3汽机公用变运行。2019年9月12日19:05，运行人员在巡检电子间电气设备屏过程中发现故障录波启动，调取报告后发现10 kV涂电105保安电源电压突变，查看ECS消谐装置并未报警，就地检查发现1115PT柜消谐装置U_a突变为41.84 V。通知相关人员运行停用1115PT相关保护，拉出1115PT，分别测量A、B、C相保险，判定A相保险烧毁，更换A相保险，检查二次接线，重新投入1115PT，检查微机消谐装置电压正常。

【事故原因】

PT柜中用于绝缘监测的电磁式电压互感器（PT）其一次绕组接成星形，中性点直接接地。PT 的励磁阻统与系统的对地电容形成非线性谐振回路。由于回路参数及外界激发条件的不同，可能造成高频、工频、分频谐振过电压，导致频繁的故障。单相接地故障消失时，系统电容电流周经过 PT 中性点释放能量导致 PT 熔丝和一次绕组流过很大的低频振荡电流，第一次 PT 外网烧毁发生单相接地（图 1），第二次外网电压波超过正常范围，且两次烧毁 PT 都出现在大雨天气，加上该厂保安电压为农网供电，10 kV PT 只有二次消协装置，检查 PT 小车与接地点未出现划痕（图 2），接地点接触不充分，故导致谐振烧毁 PT 和 PT 保险。

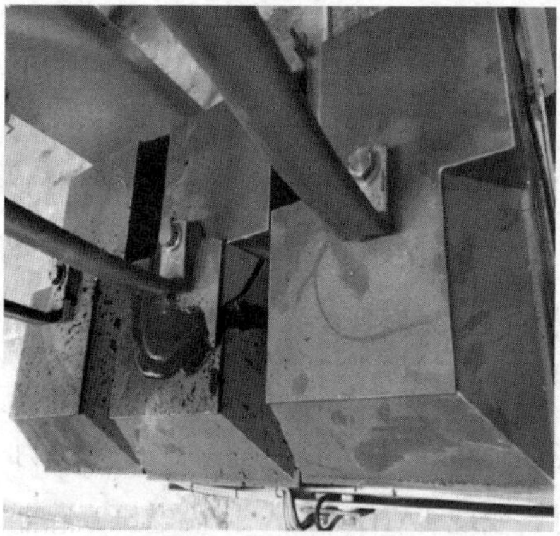

图 1　烧毁 PT 照片

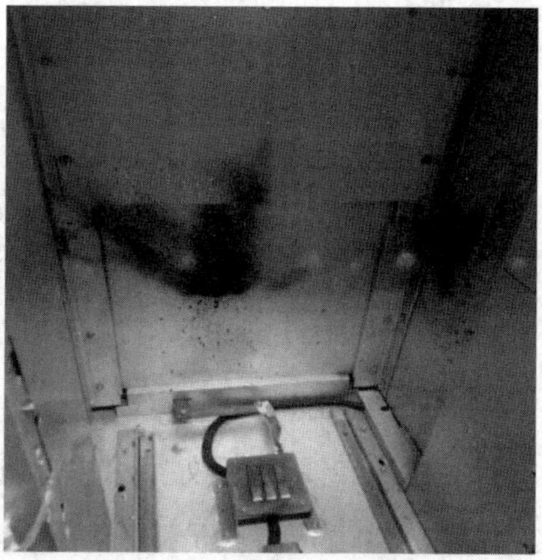

图 2　PT 小车接地点照片

【防范措施】

1. 已采取的措施。

（1）将 PT 小车与接地点用铜垫进行垫高，使之充分贴合。

（2）在保安电源进行供电时加强消谐装置的巡检，检查电压是否平衡。

（3）改变 PT 避雷器与柜边距离。

2. 计划采取的措施。

对 1115PT 柜和 11105PT 柜增低残压装置。

案例 5　发电机四瓦轴颈电腐蚀事件

【简述】

2018 年 12 月某厂大修对发电机抽转子定期试验工作，在励磁机端轴承瓦揭盖检修过程中发现轴颈金属电熔痕迹（图 1），右侧下瓦面有乌金熔化迹象，并有一个直径 3 mm 左右的金属块（材质待检），四瓦中分面有大量麻坑痕迹（图 2）。电熔宽度为 100 mm，测量电熔区外径为 280.050 mm，非电熔区外径为 280 mm。大轴顶起后对四瓦瓦座用 500 V 摇表测量瓦座对地绝缘电阻为∞，检查三瓦接地碳刷接地线正常。

图 1　四瓦开盖后轴颈现场图

图 2　四瓦中分面电腐蚀麻点

【事故原因】

判断为四瓦漏油夹杂碳刷碳粉导致底座绝缘爬电，瓦座绝缘能力降低，在转子大轴与四瓦瓦块之间形成电荷累积放电现象，转子大轴对轴瓦放电，因乌金熔点较低，放电电弧被烧灼。

【防范措施】

1. 四瓦轴颈电腐蚀，发电机转子返厂检修。

（1）发电机转子四瓦轴颈上车床加工车削（单边 5 丝下刀）并抛光，加工后四瓦大轴直径为 279.830 mm。

（2）给发电机转子动平衡（3 000 r/min）配平衡块，动态阻抗合格。

（3）更换发电机转子电枢绝缘材料（导电杆连接件等绝缘护套）。

（4）转子受潮后应电烘，各绝缘参数合格后才能出厂。

2. 转子回厂后现场处理措施。

（1）回穿转子，转子回穿后各参数正常，直阻为 316.8 mΩ，绝缘为 36.9 MΩ，投发电机本体电加热驱潮。

（2）更换三瓦大轴接地碳刷，接地线重新压铜鼻子栓接。

（3）更换一套四瓦绝缘材料（含四瓦瓦座绝缘板、油管路绝缘板，各螺栓绝缘套件）。

（4）原四瓦瓦块一副报废，更换新瓦块并车削油槽等，四瓦中分面飞平。

（5）主励磁引线重新走线（避开绝缘接触面）。

（6）检测汽机润滑油油质，测耐压绝缘及介损。

（7）三瓦外缸本体磁化现象严重，需消磁，三瓦无电腐蚀迹象。此处靠近发电机大轴接地碳刷，接地电流形成磁场，长时间积累导致瓦座磁化，可采用交流消磁线圈消磁。

3. 启机时测量发电机轴电压，轴电压标准不超过 10 V。运行中加强瓦振监测，必要时测量轴电压。

4. 日常运维人员每天使用手机 WIS 检查四瓦漏油情况及四瓦绝缘材料脏污情况，及时清理并拍照留档，对四瓦绝缘面每周应做一次全面清洁。

案例6　励磁调节器波动事件

【简述】

某厂发电机及励磁由南京某有限责任公司供应，励磁系统采用无刷励磁方式，励磁调节器型号为 DVR-2000B。发电机组的励磁机由一台主励磁机和一台副励磁机组成，其主励磁机采用一台三相交流无刷励磁机，副励磁机采用一台单相永磁发电机，转子通过法兰与同步发电机连接在一起。其系统示意如图 1 所示。

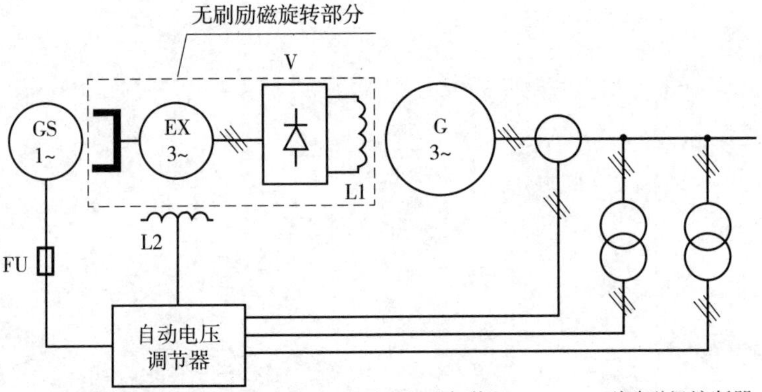

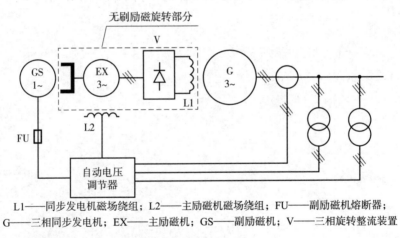

L1——同步发电机磁场绕组；L2——主励磁机磁场绕组；FU——副励磁机熔断器；
G——三相同步发电机；EX——主励磁机；GS——副励磁机；V——三相旋转整流装置

图 1　励磁系统示意

【事故经过】

正常运行时励磁控制方式为恒功率因数控制，2015 年该厂出现数次功率因数控制不稳定的问题，如 2015 年 10 月 19 日励磁系统 B 通道出现功率因数控制不稳的现象，04：00 左右功率因数开始波动，11：00 手动降励磁后，系统恢复正常，此类现象在 5 月 A 通道运行时也曾出现过。

【事故原因】

2015 年 10 月 21 日经现场讨论分析认为：第一，励磁 A 通道偶尔出现励磁调节器输出电压电流脉冲式波动的现象，属于正常现象。经查看有功无功相关曲线，发现励磁调节器输出电压电流脉冲式波动是伴随着有功的波动出现的，可以认为是电力系统的扰动导致发电机的有功产生波动，同时由于发电机是恒功率因数运行，此时励磁调节器内 PID 调节会产生相应的反应来保持功率因数的稳定，属于正常的调整过程。第二，励磁 A、B 通道均出现过恒功率因数控制不稳定的现象，这可能是励磁通道的内部问题，也可能是与励磁柜相连的电缆等存在干扰所引起。

【防范措施】

2015 年 10 月 22 日将励磁 B 通道寄至南汽励磁厂家进行检测，厂家告知检测结果一切正常，并出具检测报告，30 日励磁 B 通道返回该厂恢复安装。同时组织检修班对励磁柜相关电缆进行全面排查，发现 DCS 至励磁柜增减磁电缆为非屏蔽电缆（图 2），不符合设计要求，现已经更换为屏蔽电缆（图 3），并将屏蔽层在励磁柜侧可靠单侧接地。其余电缆经检查全部符合要求，各旋钮、端子等均接线紧固。另外更换了励磁输出电流采集模块。

检修后发电机并网投入运行，再未出现过类似问题，判断之前励磁调节出现波动的原因是 DCS 至励磁柜的励磁控制电缆未做屏蔽，其受到强电干扰后出现电势差，励磁调节器接收到电势信号后作出响应，造成功率因数变化。

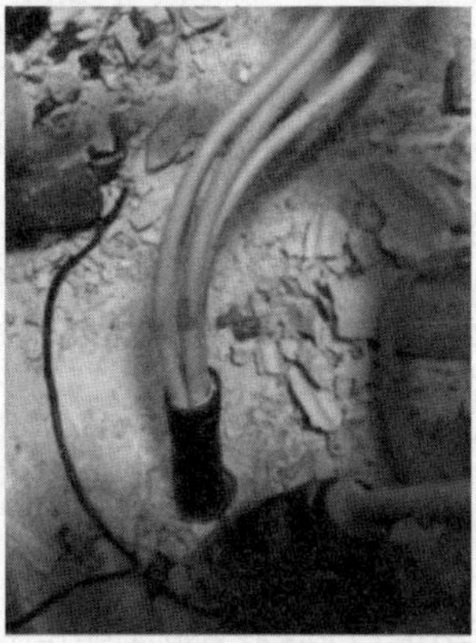

图 2 励磁控制电缆未采用屏蔽电缆

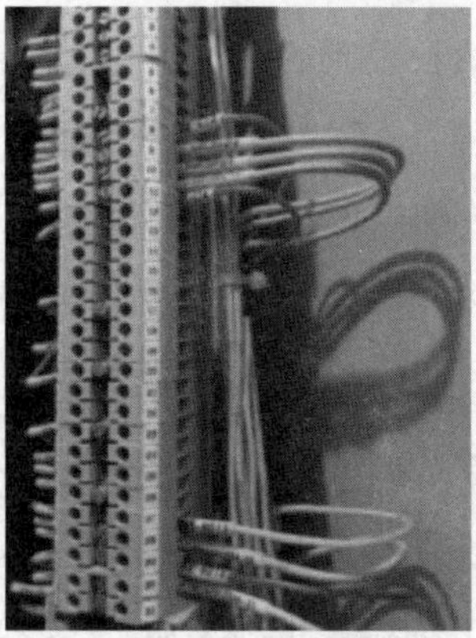

图 3 更换成屏蔽电缆后完成接线

案例7　UPS故障停机事故

【简述】

2017年7月3日，某厂UPS主路整流模块发生短路故障，造成UPS停机后DCS等重要控制系统失电，运行人员只能手动打闸停机。经过紧急处理、恢复旁路供电后，2017年7月4日0∶30发电机成功并网，机组设备恢复正常运行。7月8日UPS维护单位现场完成维修，设备投入正常运行。

【事故经过】

事故发生前两炉一机正常运行，各保护均正常投入运行，厂用一段经403开关带保安段负荷；环保设备、CEMS、SNCR均正常投入运行；其他各主要辅机、回喷系统正常投入运行。

2017年7月3日20∶30，某厂电子间内中控室动力箱处传出响声，集控室操作台电脑、监控电视全部失电黑屏，集控室照明、值长台电脑、505装置保持正常运行。工作人员随即查看505装置，发现汽轮发电机已由汽机前压力控制自动切换至转速控制。

当班值长发现505装置已自动切至转速控制后，指令开度3150，立即手动降低转速指令，关小调门，降低发电机负荷，同时检查发现UPS失电且有轻微烧焦味，立即向厂领导、生技汇报，请求派人协助处理。

20∶33，因DCS电脑短时间无法恢复送电，所以集控室无法监视和操作，控制505将调门关小，就地打闸停机。

20∶50，电气检修人员抢修UPS旁路电源成功，UPS供电恢复，热控工程师开始重新装载DCS控制程序。

21∶20，热控重新装载DCS控制程序成功，DCS电脑恢复正常操作，检查DCS画面#1炉汽包压力为4.11 MPa，给水流量为8 t/h；#2炉汽包压力为

3.66 MPa，给水流量为 6 t/h。此时将 #1、#2 炉给水由旁路切至主路控制流量上水。

21∶45，汽包水位达到 -50 mm，维持 #1、#2 炉汽包水位稳定在点火水位。

启动 #1 引风机、#1 一次风机，恢复 #1 锅炉燃烧，执行 #1 炉热态启动、汽机热态启动、发电机热备转运行操作票。联系调度申请将 #1 发电机出口 501 开关检同期并网。

00∶30，#1 发电机并网成功，继续恢复 #2 炉燃烧。

02∶05，#2 炉并汽成功，机组恢复正常运行，全面检查机组运行正常。

【事故原因】

经过检查分析，此次事故主要是由于 UPS 主路整流模块短路故障而接连引起的 UPS 主路交流电源输入、主路直流电源输入、旁路交流电源保险熔断，造成 UPS 完全失电（图 1）。UPS 用户（包括 DCS、SOE、主要系统 PLC、集控室操作电脑、励磁系统等重要负载）失去电源后，导致锅炉 MFT、运行人员无法监视系统运行，主动对汽机进行打闸停机。

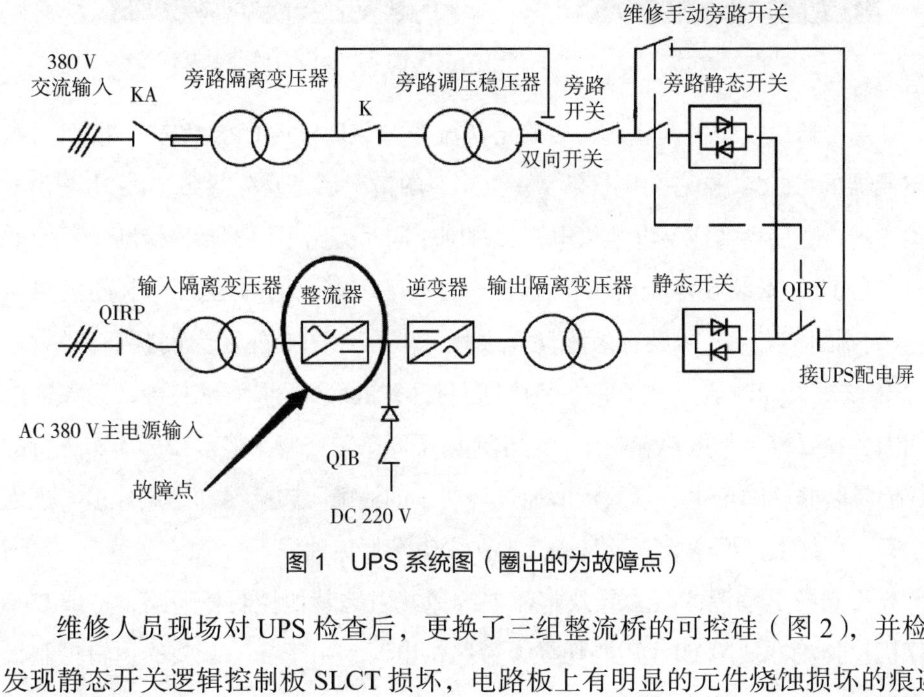

图 1　UPS 系统图（圈出的为故障点）

维修人员现场对 UPS 检查后，更换了三组整流桥的可控硅（图 2），并检查发现静态开关逻辑控制板 SLCT 损坏，电路板上有明显的元件烧蚀损坏的痕迹；

逆变器逻辑控制板IST出现故障，电路板上有明显烧蚀痕迹；整流单元的电源检测板出现故障，更换新电路板后UPS恢复正常工作。

整流器的可控硅触发信号板因无现货，维修单位将该电路板拿回厂家维修，经检测正常后，重新安装使用，在大修期间已经更换新的可控硅触发信号板（图3）。其余元件如静态开关的可控硅、续流电容及其他的元件均正常。

图2　整流桥

图3　整流可控硅触发信号板

针对维修中发现的问题，可以确定整流器击穿是导致UPS故障的主要原因。当整流器的可控硅出现一组击穿、一组炸裂的情况后，会先导致UPS主路供电开关跳闸，之后再造成蓄电池供电开关跳闸，同时旁路电源熔断器熔断。

该厂UPS安装在电子间，由于电子间环境较好，同时考虑UPS的散热需要，UPS柜体设计之初没有考虑防尘及防水功能，UPS外壳为网状通风结构。2017年该厂提标改造，电子间在装修期间打磨墙面产生了大量灰尘，为保证电子间内各重要设备的散热和防尘，对整个电子间采取搭脚手架敷设彩条布进行防护，但是装修期间产生的浮灰依旧通过一些小的缝隙（包括冷却空调风道）进入电子间，再加上“回南天”天气潮湿，灰尘吸潮形成油泥。

分析判断是潮湿的灰尘导致整流器故障并引起其他控制板短路，造成UPS的停机。整流器故障UPS需要切换至旁路供电时，由于静态开关的逻辑控制板

SCLT 故障误触发旁路静态开关导通的信号，使得主路静态开关与旁路静态开关同时导通。因整流器的可控硅存在击穿后的短路点，导致 UPS 旁路保险熔断（图 4）。

图 4　UPS 内部的积灰

【防范措施】

1. 维修人员提出的 UPS 内部的灰尘问题，主要来自该厂集控室电子间装修期间墙面打磨产生的灰尘。目前，电子间的装修工作已结束，再无较大的灰尘来源。同时，在电子间内增加了抽湿机，以降低环境湿度。目前 UPS 的工作环境已得到改善。

2. 加强设备的巡检和维护，出现问题及时处理，防止故障扩大。

3. 需要弄清楚 UPS 内部 3 块控制电路板损坏的原因，这就需要寻找单位对电路板进行检测。维修单位回应其不具备电路板的检测能力，需要联系原制造厂家（意大利 Borri）或其他单位完成电路板的检测工作，只有拿到电路板的检测结果，才会得到 UPS 旁路保险熔断的合理解答。

案例8　发电机转子绕组烧损事故

【简述】

2014年12月4日，某厂汽轮机满负荷运行过程中机组振动超标并伴有异音，停机检查发现发电机转子绕组过桥引线的焊口处烧断，立即返厂修复。

【事故经过】

2014年12月4日00：15，某厂#1炉C级检修后首次并汽，汽轮机满负荷运行，发电机三相电压正常，均约6.1 kV，功率因数为0.9。05：07左右，运行人员发现机组振动超标并伴有异音，#3轴瓦最大振动幅度达0.103 mm/s，值长下令打闸停机（没有轴瓦振动大跳闸保护）。盘车时机组内部声音正常，随后检修人员到场检查，未发现汽轮机组异常。15：00再次开机，汽轮机冲转至3 000转，机组振动正常，但加励磁升压至3 000 V时机组振动异常，减励磁后机组振动正常。初步怀疑励磁回路异常。

1#发电机由南京某有限责任公司于2002年生产，型号为QFW-6.8-2，额定容量为8.5 MVA/6 800 kW，额定励磁电流为253.1 A，2003年年底投入商业运行。

检查发现转子对地绝缘为零，所以怀疑转子内部有绝缘故障。抽出转子后，拔掉两端的护环，发现转子绕组励侧的端部有明显烧伤。转子故障点有两处，如图1、图2所示。一处是位于转子励侧端部绕组4#、5#线圈之间的匝间短路故障点；另一处位于转子励侧端部绕组4#、5#线圈底部过桥连接线的焊接位置开焊。

另外，转子端部绕组与护环之间的5层绝缘垫板均严重烧损，如图3～图5所示。其中，由里至外的4层绝缘垫板已烧穿，最外层（即第5层，紧邻护环）绝缘垫板也严重烧损，但尚未烧穿。

图 1　转子故障点

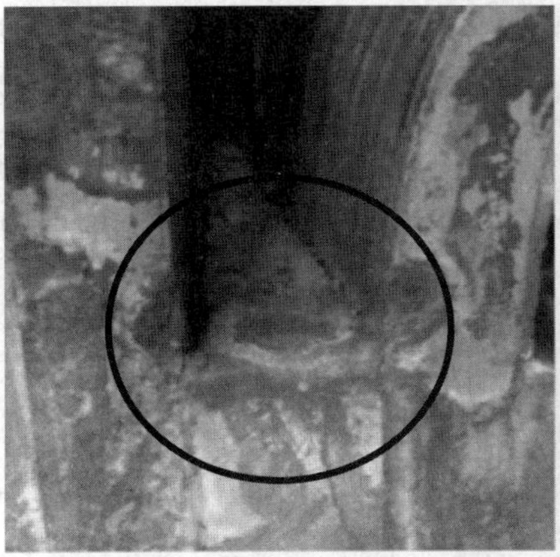

（a）圆圈内为4#、5#线圈之间的短路点

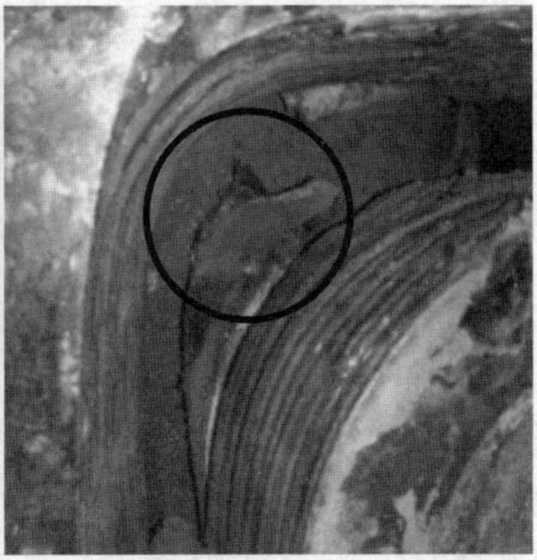

（b）圆圈内为过桥连接线的开焊处

图 2　两处故障点的特写图片

图 3　内层绝缘垫板已碳化并贯穿

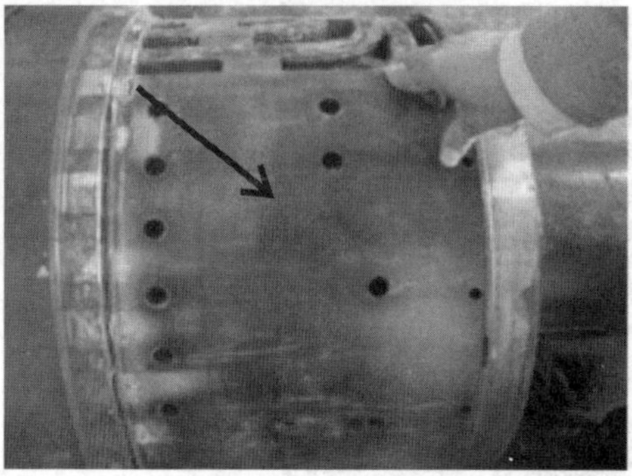

图 4　最外层绝缘垫板碳化痕迹

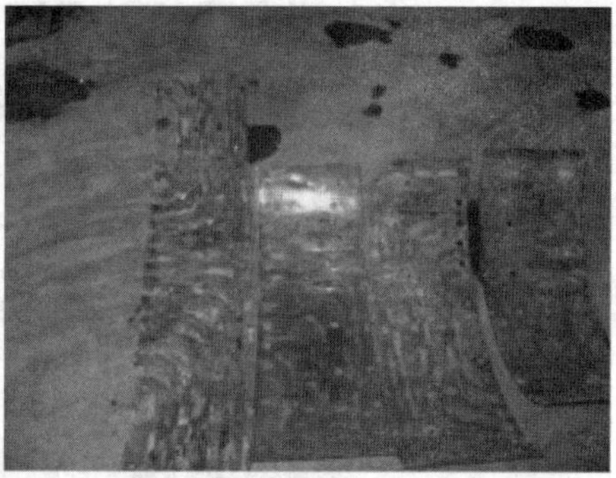

图 5　转子励侧端部绕组与护环之间的绝缘垫板

从图 3～图 5 中可见，转子励侧端部绕组与护环之间的绝缘垫板由于烧蚀出现了碳化、破损的痕迹。图 5 中的绝缘垫板是按由里至外的顺序，从左至右依次摆放在地上。最左侧垫板为直接包裹转子励侧端部绕组的最内层绝缘垫板（即图 3 中的内层绝缘垫板），最右侧垫板为紧贴转子护环的最外层绝缘垫板（即图 4 中的最外层绝缘垫板）。除最外层绝缘垫板以外，其余几层绝缘垫板均被烧蚀出现了穿孔，穿孔位置与图 2（a）的短路点位置完全对应，穿孔的外廓形状与 4#、5# 线圈短路烧损处的形状相吻合。最外层绝缘垫板并未完全碳化或烧穿，但是在碳化的位置发现有熔化成饼状的熔融物（熔渣）附着在已碳化的绝缘垫板上，如图 6、图 7 所示。仔细辨识并检测图 7 中所示的熔渣，可确认此熔渣为熔洞凝固后形成的铜渣。

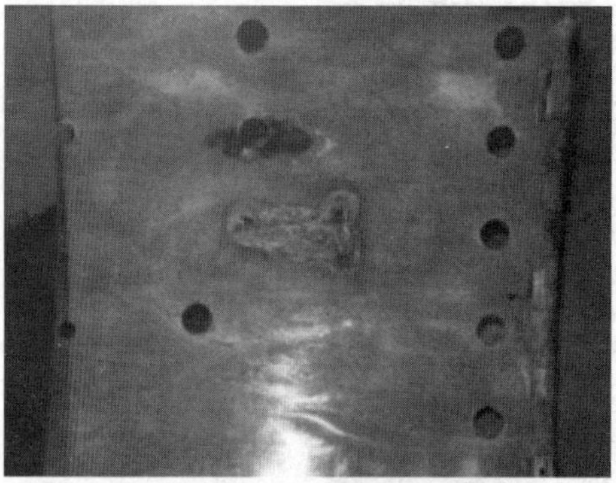

图 6　最外层绝缘垫板碳化处

图 7　最外层绝缘垫板碳化处发现的熔化的铜渣

【事故原因】

根据转子的烧损情况，并结合机组停机前的运行参数等信息，广东电科院专家分析认为，造成本次 1# 发电机转子烧损的原因及过程是：转子励侧端部绕组 4#、5# 线圈的过桥连接线在焊口处内部先出现裂纹等松脱开焊的缺陷（但还未完全断开），造成该连接处接触不良，接触电阻变大。当励磁电流流经此处时，引起焊口处异常发热、高温烧红并逐渐烧蚀、碳化邻近线棒的绝缘，同时焊口处开始出现部分熔化现象。在转子高速旋转的离心力作用下，熔化的铜水被甩至 4#、5# 线圈之间的绝缘垫板上，受到旋转空气风力的作用，铜水或铜渣被吹至图 2（a）中的位置，造成 4#、5# 线圈之间发生匝间短路故障。由于这种短路也会接触电阻，短路电流流过时，也会因接触电阻大而出现高温过热现象。因此，铜渣会继续保持高温状态，并逐渐一层一层地烧穿各层绝缘垫块，最终形成了图 3~图 7 的烧损状。

在各层绝缘垫块逐渐穿蚀的同时，焊口的烧熔过程仍然在持续进行，并最终造成 4#、5# 线圈之间过桥引线完全断开。在过桥引线完全断开的瞬间，必然产生（电弧）拉弧问题。由于电弧温度极高，瞬间即可烧断过桥引线并使之产生形变，造成了图 2（b）中所看到的情形。

对于造成转子励侧端部绕组 4#、5# 线圈过桥引线内部裂纹缺陷开焊的原因，存在以下几种原因：

（1）发电机转子在制造过程中处理该焊口位置时，可能在处理工艺上有缺陷，造成焊口处的焊接质量存在瑕疵。

（2）发电机正常带负荷运行时，转子绕组上包含过桥引线的焊口等各个部分均会受到离心力、电磁力以及热应力等各种应力的影响。由于负荷经常发生较大的变化，焊口所受到的应力也会产生较大的变化，因此造成焊口受到应力损伤或导致金属疲劳。在这种长期的、持续的应力交变过程中，如果过桥引线的焊口处焊接质量存在瑕疵，那么其将难以长期承受这些应力的影响，瑕疵就会逐渐演变成有危害性的缺陷和隐患，并最终对转子绕组造成破坏。

（3）非同期操作或甩负荷等对 1# 发电机转子的影响也不容忽视。1# 发电机在 2011 年 3 月和 2012 年 1 月曾分别发生两次过非同期操作，这对发电机转子造成了一定的冲击。转子绕组的各个焊口如果受到这种巨大应力的冲击创伤，很容易使焊接质量有缺陷的焊口内部出现金属疲劳、裂纹等隐患。常规的检查和试验并不一定能将这种隐患检查出来，但是随着机组运行时间的推移，过桥引线焊口处的缺陷就会逐渐显露出来，并最终造成转子损伤。

机组运行中，所能监视到的有关振动实际上只是轴瓦振动，而非转轴的振动。虽然监测数据显示，瓦振在运行中一直未超标，但这并不能直接反映转轴振动的变化。也就是说，即使当转子的振动已经出现一定程度的异常时，也难以通过对轴瓦振动的监测来及时地发现转子自身振动的异常变化。

综上所述，该厂 1# 发电机转子故障是由于转子绕组过桥引线的焊口内部存在缺陷、发生高温过热引起的，并进一步造成 4#、5# 线圈之间发生匝间短路。焊口开焊后，造成定子膛内电磁场发生严重的畸变，从而引起了发电机转子发生异常振动而造成停机。

【防范措施】

1. 固化机组振动大停机判断条件，授权运行值长做停机处理。

2. 公司空冷发电机运行 8～10 年后应考虑对转子拔护环做彻底清灰处理，检查护环下转子端部线圈绝缘。

3. WZD-1A 微机转子接地保护（阿继）产品采用乒乓式接地保护原理，在励磁电压波动幅度较大或同时多点接地时，一点接地保护可能不动作或动作不稳定，一点接地保护动作延时时间整定为 0，在此情况下保护很难动作出口报警。现场应再做一次定值核查。

案例 9　发电机出口开关单相接地短路事故

【简述】

2018 年 7 月 27 日，某厂发生发电机出口 501 开关单相接地故障，导致 10 kV Ⅰ线 F21 开关跳闸，汽轮发电机组停运事件。

【事故经过】

该厂两炉一机运行，发电机组通过 10 kV Ⅰ线 F21 开关接入某变电站，10 kV Ⅰ线 F23 开关带备用变压器运行，10 kV Ⅱ线 F22 开关热备用。

2018 年 7 月 27 日 00∶32∶55，机组负荷由 14.63 MW 突降至 1.9 MW，集控室发出“汽轮机 DDV 阀阀位波动大”声音报警，电气报警画面出现“F21 开关跳闸”“10 kV 母线消谐装置报警”，工作人员立即翻看 DCS 画面，发现 F21 开关跳闸，发电机出口 501 开关在合闸状态。两台炉 MFT 动作，过热器安全门动作。初步判断汽轮发电机组已进入孤岛运行状态。

27 日 00∶34，两台炉过热蒸汽压力迅速上涨，立即开启两台炉向空排气电动门，调整锅炉、汽机侧主要设备参数。检查发电机保护装置，无任何报警情况。

27 日 00∶35，翻看 DCS 画面，10 kV Ⅰ线 F21（白田变侧）电压显示正常（10.4 kV 左右），10 kV Ⅰ段母线电压显示正常（10.2 kV 左右），发电机出口三相电流基本平衡（140 A 左右）。

27 日 00∶36，与中调系统联系，确认厂内 10 kV Ⅰ线 F21（白田变侧）正常。

27 日 00∶37，运行人员前往 10 kV 配电室检查发现发电机出口 501 开关为合闸状态，F21 开关跳闸（保护装置“TRIP”灯亮），配电室有焦煳味。

27 日 00∶44，就地检查，确认发电机出口 501 开关柜内有轻微冒烟，判断发电机出口 501 开关柜内有故障。立即就地检查发电机本体及其连接的一次回路，均无异常。翻阅 DCS 画面，发电机定子线圈温度、定子铁芯温度均无升高。

27 日 00:50，立即启动直流事故油泵运行，继续调整锅炉、汽机侧主要设备参数，检查环保设施及重要辅机运行状态，就地监视发电机运行状态，着手停运汽轮发电机组。

27 日 01:28，手动打闸停机，发电机保护装置动作，发电机出口 501 开关跳闸、发电机灭磁开关跳闸、汽机主汽门关闭、汽机抽汽逆止门关闭，发电机保护装置动作正确。

【事故原因】

1. 10 kV I 线 F21 开关跳闸分析。

故障瞬间，10 kV Ⅰ线 F21 开关保护装置（SEL-351A）报警。各相电流变化情况如图 1 所示。保护装置 N 灯亮，I_0=209 A（一次电流值），10 kV Ⅰ线 F21 开关零序电流互感器变比为 175/5，动作值的二次电流值为 5.97 A，大于零序保护动作值（I_0 = 1.57 A，t = 0.7 s 跳闸），即 10 kV Ⅰ线 F21 保护装置零序电流保护动作跳开 F21 开关。

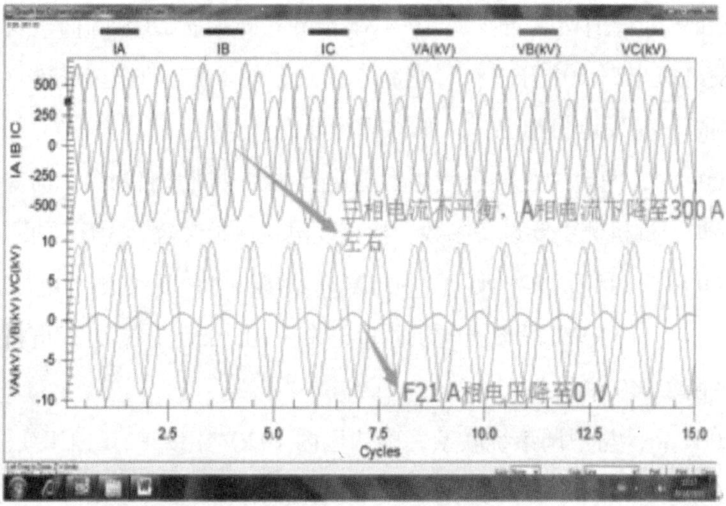

图 1　10 kV Ⅰ线 F21 开关保护装置录波

从图 1 可以看出，故障瞬间，10 kV Ⅰ线 F21 A 相对地电压降至 0，B 相、C 相对地电压升至线电压（10.3 kV 左右）；故障瞬间，10 kV Ⅰ段母线电压 U_{ab}、U_{bc}、U_{ca} 由 10.5 kV 左右突降至 10.1 kV 后，稳定在 10.1～10.25 kV 运行，线电压基本平衡。因此判断 A 相发生了单相接地短路故障，F21 开关保护动作正确。

2. 发电机保护（PCS–985RS）动作分析。

发电机中性点为不接地系统。当发电机出口 501 开关发生 A 相接地时，对地电流很小，未达到发电机出口 501 开关零序电流报警值。10 kVⅠ线 F21 开关跳闸后，发电机出口开关未跳闸，汽轮发电机组甩负荷并进入孤岛运行，发电机定子电流在 140 A 左右波动，励磁电流、励磁电压变为并网初始值。此时虽然发电机出口 501 开关 A 相下端口触头被电弧灼伤严重，但动静触头仍有接触，发电机能继续孤岛运行。故此时接触电阻明显增大，触头持续发热灼烧。

3. 汽轮机 505 控制器动作分析。

汽轮机调速系统采用美国 Woodword 公司的 505 控制器，控制器具备事故跳闸、甩负荷（Generator Breaker）、OPC（103% 动作）保护动作等多重保护功能。本次开关故障发生时，10 kVⅠ线 F21 开关跳闸，动作过程未触发机组保护跳闸动作，505 控制系统根据逻辑判断转入甩负荷状态，系统立刻将进汽调门关闭，以防止转速飞升；同时控制系统自动设置甩负荷后控制转速为 2 950 r/min，随后进汽调门根据转速的下降情况进入转速 PID 控制，使调门逐步打开，维持汽轮机转速控制在 2 950 r/min 运行，从而实现 FCB（孤岛功能）。

4. 501 开关故障分析。

检查发现发电机出口 501 开关 A 相下端口（发电机侧）的梅花触头已严重烧伤，触臂左上角被电弧灼伤明显（图 2）。

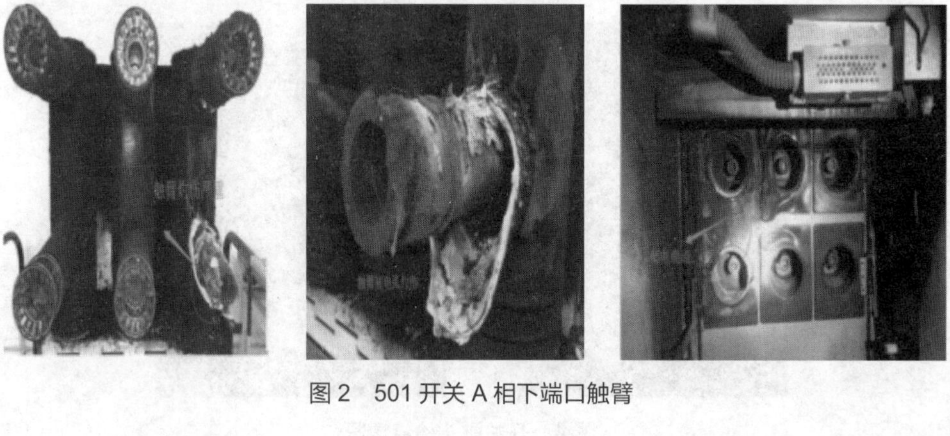

图 2　501 开关 A 相下端口触臂

对发电机出口501开关A相下端口紧固弹簧进行仔细检查后发现，其中断裂的一根紧固弹簧有明显的断口（图3），可以判断在事故发生前至少有一根靠开关本体侧紧固弹簧发生了断裂。

现场检查确认开关柜内无湿气、凝露，清理发电机出口501开关柜时未发现异物，排除开关内部存在异物而减少了发电机出口501开关A相下端口的对地距离形成对地放电的可能性。

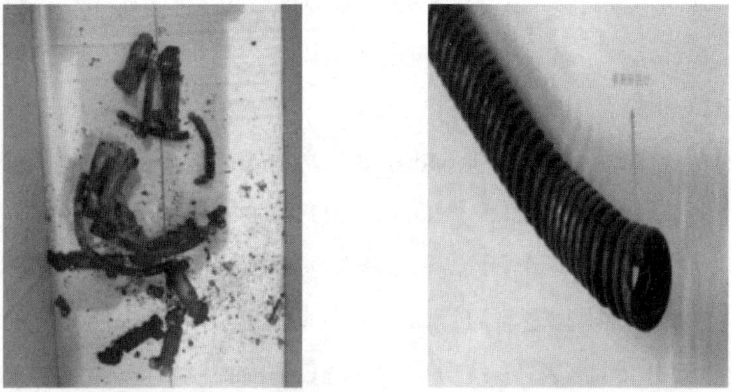

（a）断裂后的紧固弹簧和触指　　（b）断裂后的紧固弹簧

图3　发电机出口501开关A相下端口断裂后的紧固弹簧情况

此次故障处理期间，对2016年年底所有更换过的开关梅花触头进行了全面检查，发现10 kVⅠ线F21开关、10 kVⅡ线F22开关、#1工作变进线511开关、#2工作变进线512开关的紧固弹簧个别有形变迹象（图4）。

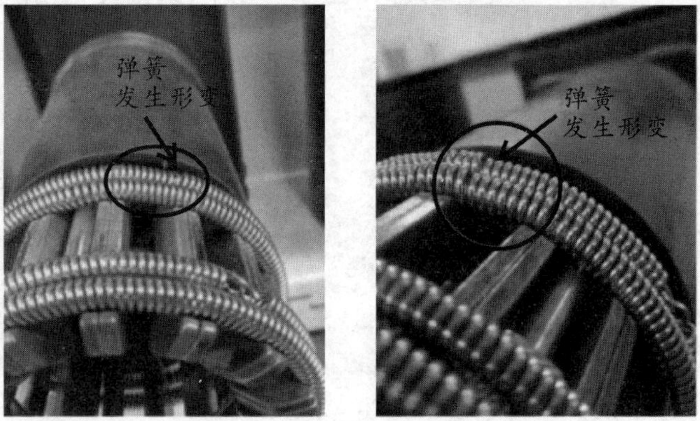

图4　开关触头检查情况

通过以上分析可以排除开关柜内存在异物、开关柜内凝露、梅花触头安装不到位、发电机出口 501 开关负荷发生突增等因素。结合 2016 年年底更换的同批次梅花触头外侧的紧固弹簧发生的形变迹象，以及发电机出口 501 开关 A 相下端口紧固弹簧的明显断口等情况分析，2016 年年底更换的触头质量问题是造成此次紧固弹簧断裂、发生接地的根本原因（触头质量问题主要包括动、静触头的设计和制作工艺差，触头及弹簧材质选型不合格，梅花触头外侧的紧固弹簧热处理不过关，梅花触头外侧的紧固弹簧张紧力不足等）。

故障处理期间，用磁铁对梅花触头、静触头、紧固弹簧、触臂等进行检查，发现上述部件均不能被磁铁吸引，因此判断上述部件均使用非导磁性材料制造。

触头质量问题造成弹簧断裂及弧光放电分析如下：

1. 由于触头质量问题造成在长期使用中紧固弹簧局部发热、紧固弹簧产生弹性形变，最终导致紧固弹簧张紧力不够、接触电阻变大。接触电阻随着时间的推移而不断加大，造成触头持续发热、触头的机械强度下降，同时导致紧固弹簧产生微塑性应变、稳定性能下降，疲劳脆化加剧。紧固弹簧在应力超过屈服极限后产生缩颈变形，应变逐步增大，最终在最薄弱处发生断裂。

2. 单根紧固弹簧断裂后，触头间四周接触电阻持续增大造成触头长时间严重发热，进而造成触头盒、触头盒绝缘罩等绝缘件被触头传导的热量逐步烧毁，触头外表面严重污秽，并在开关柜内产生大量的粉末，造成空气绝缘强度下降，同时由于断裂的弹簧减少了触头与绝缘体的距离，最终触头与发电机出口 501 开关 A 相上、下端口金属板之间形成电位差，造成弧光放电现象，将发电机出口 501 开关 A 相下端口触臂左上角烧成缺口。

【防范措施】

1. 10 kV 开关设备已使用近 15 年，设备逐步老化，应着手编制设备升级改造计划、方案并分阶段实施（其中 10 kV 开关柜相关保护装置升级改造为某厂 2018 年技改项目，已提交采购计划，结合厂内年度检修计划实施）。

2. 为更加全面地加强对开关触头、母排等温度的监控，应着手编制 10 kV 开关加装测温监控装置方案并稳步推进。当触头、母排等温升异常时设备发出报警信号，以提醒相关人员及时处理，防止事故扩大。

3. 严格执行电气预防性试验相关规定，定期开展超声波局部放电试验和暂态地电压检测，及早发现开关柜内绝缘缺陷，防止由开关柜内部局部放电演变成短路故障。

4. 检修维护时应进一步对触指和弹簧外观加强检查，对触指有烧灼痕迹或紧固弹簧有变形损伤现象的应及时予以更换，并加强测量每相主导电回路的电阻值。同时还应继续与厂家及其他相关单位联系，优化触头选型，减少故障的发生。

5. 对发电机保护进行全面梳理，对保护定值进行校核计算，完善发电机定子单相接地保护功能。

6. 着手编制全厂 DCS、DEH 及主要电气设备等授时方案并稳步推进，确保各设备时钟统一，便于事故分析。

7. 完善类似事件的事故预想并加强演练，进一步加强专业工程师和运行人员的培训，提高专业人员的技能。

案例 10　发电机并网过程中转子一点接地事故

【简述】

2017 年，某厂启机并网操作，#1 发电机机端电压升至额定电压后，同期装置无法启动，检查发现，“#1 发电机转子接地保护 t1”光字牌亮，转子回路接地。

【事故经过】

2017 年 1 月 24 日，某厂 #1 发电机检修完毕后准备启机并网，上午运行人员提前执行 #1 发电机转运行操作票，测量 #1 发电机定子绝缘为 ∞，转子绝缘为 100 MΩ，绝缘合格。而后运行人员将 #1 发电机系统恢复至热备用状态，计划待汽轮机冲转至 3 000 r/min 执行并网操作。15∶40，#1 发电机汽轮机冲转至 3 000 r/min，运行人员开始执行并网操作，将 #1 发电机机端电压升至 10 kV，点开 #1 发电机出口 506 开关启动同期，发现同期装置无法启动，翻看 DCS 电气报警光字牌发现“#1 发电机转子接地保护 t1”光字牌亮，且无法确认。电气专工及运行人员立即进入电子间查看 #1 发电机保护装置信息，保护装置显示“转子 1 点 G 信号”且无法复归。电气专工立即要求运行人员执行 #1 发电机灭磁操作并断开灭磁开关，就地检查 #1 发电机转子回路，对灭磁开关、汽端及励端碳刷、大轴接地碳刷进行仔细检查后未发现明显接地点。用 500 V 摇表在灭磁开关处测量转子回路绝缘为 0，确认转子回路接地，电气专工决定采用分段测量的方法查找接地点，过程如下：

1. 拆下灭磁开关电缆连接螺栓，脱开转子回路电缆，测量电缆绝缘为 0，确认故障范围为电缆、碳刷架及转子内部，排除励磁柜内回路接地。

2. 拔出汽端及励端所有碳刷，将转子与电缆回路断开，测量集电环对地绝缘为 1 000 MΩ，绝缘合格，排除转子内部故障。测量 4 个碳刷架对地绝缘，发现汽端及励端右侧碳刷架绝缘为 0，存在接地。

3. 拆下碳刷架与电缆连接螺栓，此时汽轮机转速仍维持在 3 000 r/min，螺栓与集电环距离较近，考虑到人身安全且故障无法马上排除，故通知运行人员打闸停机，待汽机转速为 0 后再拆卸螺栓。将电缆与碳刷架脱开后测量 4 根电缆绝缘均合格，排除电缆故障。测量 4 个碳刷架对地绝缘，发现汽端及励端右侧碳刷架绝缘为 0，至此确认故障为碳刷架接地。

4. 立即组织检修单位人员对碳刷架进行拆卸检查。将 4 个碳刷架全部取下用酒精清洗，将绝缘垫片清洗擦拭后逐一测量绝缘，确认绝缘垫无损坏。将碳刷架绝缘垫清洁处理完毕后回装，测量 4 个碳刷架对地绝缘均合格。故障消除后立即回装电缆及碳刷，在灭磁开关处测量转子回路绝缘为 180 MΩ，绝缘合格，至此 #1 发电机转子一点接地故障排除。

【事故原因】

1. 碳刷架接地可能的原因。

（1）第一个可能的原因是 #1 发电机此次大修过程中返厂更换了集电环，检修单位在回装发电机外壳过程中发现碳刷架与新集电环距离过近，遂拆下固定碳刷架的螺栓，将碳刷架向上移位后回装固定。在整个拆装过程中碳刷架上的碳粉落到绝缘垫表面，导致绝缘垫失去绝缘作用，造成碳刷接地。

（2）另一可能的原因是在回装碳刷架绝缘套管的时候位置存在偏差，集电环并未完全放置在绝缘套管上，与固定螺杆直接接触造成接地。

2. 启机前测量转子绝缘合格，发电机转速升到 3 000 r/min 后绝缘为 0。启机前碳刷架并未接地，#1 发电机转速升至 3 000 r/min 后，集电环与碳刷之间有摩擦力作用于碳刷架，导致碳刷架轻微位移造成接地。

3. 为何没能及时发现 #1 发电机转子一点接地告警。

#1 发电机转子一点接地告警开出后，主控室并未发出报警音，而仅是 DCS 报警画面“#1 发电机转子一点接地保护”光字牌变红，使得运行人员不易察觉有报警开出。#1 发电机由检修转运行操作票在汽机冲转前已提前执行部分操作，在执行“确认发电机保护无告警”操作时，由于主汽门未挂闸且灭磁开关未合上，发电机保护屏有非电量告警信号，当主汽门挂闸且灭磁开关合上后，运行

人员未再次确认保护屏上所有告警信号已消除，导致转子一点接地告警未及时发现。

【防范措施】

1. 检修单位在拆装碳刷架的过程中不注重细节，对可能的风险因素认识不全面，造成了此次转子一点接地事故。在以后的检修中应将碳刷架上的碳粉彻底清洁干净，拆碳刷架时应确保绝缘垫片上无碳粉后再回装，回装后应仔细检查安装位置有无偏差。

2. 主控室“#1 发电机转子一点接地”告警只有光字牌显红，未发出声音报警，联系热工专业对电气报警光字牌进行检查核对，保证报警信号开出时声光报警均能可靠发出。

案例 11　发电机碳刷打火造成停机事故

【简述】

2018 年 5 月 25 日、5 月 29 日某厂 #1 发电机碳刷打火严重，更换碳刷后，稍有改观，碳刷温度到 80℃时打火严重，出现环火现象，碳刷温度无下降趋势，为防止事故扩大化并保证主机设备安全，两次打闸停机。

【事故经过】

2018 年 5 月 8 日，某厂发现 #1 发电机碳刷打火，更换一个碳刷后不再打火。2018 年 5 月 25 日，#1 炉和 #3 炉带 #1 机和 #2 机正常运行，#1 机有功 8.15 MW，无功 1.51 Mvar。21∶14，系统报出发电机一点接地。经检查发电机碳刷打火严重，碳刷磨损严重，碳粉飘落，初步断定应该是碳刷打火飘落碳粉导致转子一点接地。通知值长把 #1 机负荷挪至 #2 机，把 #1 机负荷降至最低，尽量减小励磁防止机组转子发热（图 1）。

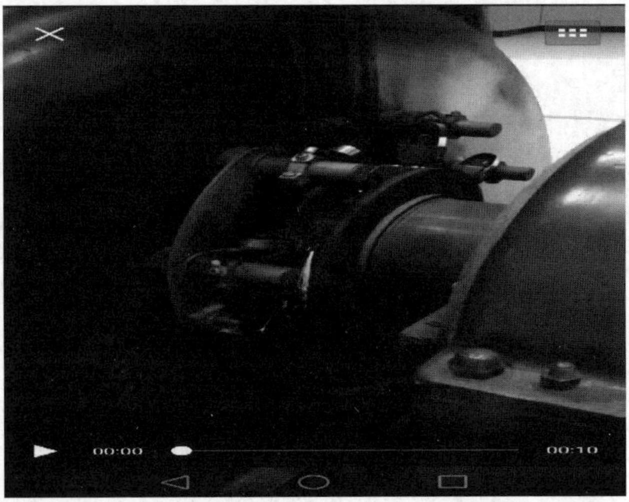

图 1　#1 机碳刷打火严重

联系检修人员接一路压缩空气对#1励端碳刷进行滑环吹扫，吹扫过后转子一点接地情况仍在，检查发现#1机励端最边缘一个碳刷磨损严重，钳电流发现磨短那个碳刷电流大于其他几个，电流不均衡加剧碳刷打火，进而进一步增大了碳刷和滑环温度。此时更换磨损最短的这个碳刷，更换时发现该碳刷弹簧夹已经断裂，更换后效果稍有改观，随后温度逐渐上升，打火严重。22∶00，打闸停机。转子绝缘为0，经吹扫滑环附近的碳粉再遥测转子绝缘为150 MΩ。初步断定滑环不圆导致碳刷跳动打火，经用油石砂纸打磨后不再打火。5月27日11∶30，#1发电机并网。5月28日配合电网调峰#1机、#2机带满负荷运行。5月29日又出现同样碳刷打火情况，18∶44打闸停机。

6月1日南京汽轮机厂家到厂对滑环进行车削打磨处理后，6月3日19∶00并网正常运行至今未发现异常。

【事故原因】

1. 造成#1发电机非停的主要原因为#1机组四瓦振动大，碳刷有跳动并伴有环火。

2. #1机组四瓦振动大的原因为滑环不圆、瓢偏度不达标，所以造成四瓦振动大、碳刷有跳动并伴有环火，且碳刷磨损严重。打火严重影响摩擦的接触面从而形成气隙，导致滑环形成氧化膜，加重振动。

3. 一点接地原因：碳刷打火，滑环引出铜排和转子大轴附近飘入碳粉。

【防范措施】

1. 预防再次发生的主动措施。

（1）碳刷的磨损长度不超过2/3。当碳刷磨损长度超过2/3时，必须将其更换。

（2）碳刷无冒火花情况。碳刷刚开始打火时，就要查找原因，及时消除。

（3）碳刷刷辫与刷架和碳刷的连接良好，无发热及碰触刷握的情况。

（4）碳刷无偏移滑环外侧现象，碳刷的边缘无崩裂情况。

（5）碳刷在刷握内无跳动、摇动或卡涩的情况。

（6）定期用直流钳型表测量各碳刷的电流分担是否均匀，用红外测温仪测量碳刷有无过热现象，如有异常应及时检查，必要时必须更换。

（7）弹簧压力正常，无变形和断裂现象，正常时各碳刷所受压力应均匀稳定，各单位压力通常为 1.1～2.5 kg f/mm^2，各碳刷之间的压力不均压力差应控制在 5% 以内。

（8）刷握与滑环的距离符合规定值。发电机刷握和滑环的距离为 2.5～3 mm。

（9）滑环表面应无变色、过热及磨损不均现象，滑环表面温度应不大于 80℃。

（10）刷握和刷架上有无积垢，若积垢较多，应用刷子清扫或用压缩空气吹扫。

（11）运行人员巡检发现碳刷打火花或碳刷温度超过 80℃时，要立即联系电气专业人员处理。

（12）电气维护人员配备恒温长筒鼓风机，每 3 天清理滑环及风道附近的碳粉和灰尘等脏物，保持滑环系统清洁，绝缘良好。

（13）电气巡检人员配备直流钳形表测温表，测量每个碳刷的温度及碳刷电流（温度不超过 80℃，每个碳刷电流应均衡），并及时消除电流不平衡、气膜、氧化膜、卡阻等现象，保证碳刷在强平衡状态下工作。

（14）汽机检修工作或其他地方漏油时，油不能甩到集电环上，因为这会增大碳刷与集电环之间的接触电阻。

（15）夏季高负荷或无功、电压波动较大和更换新碳刷后，应加强巡视，如发现轻微火花增加一台冷却风机，对降低碳刷温度和减少积灰将产生明显效果。

2. 对碳刷更换工艺的要求。

（1）定期检查、更换碳刷。在更换碳刷前，细心研磨碳刷使其表面光滑，电刷在刷握内应有 0.1～0.2 mm 的间隙，可以上下活动自如。

（2）刷握的下边缘和集电环工作表面之间的距离为 2～3 mm，距离过小会碰撞滑环表面易受损，距离过大电刷跳动易产生火花。争取实现碳刷接触面大于碳刷截面的 80%。

（3）碳刷应勤更换，但一次更换不宜过多，一次更换碳刷的数量规定为：每次每极只允许更换 1 个。碳刷顶端低于刷握顶端 3 mm 的碳刷应尽快更换，每次更换碳刷时必须使用同一型号的碳刷。

（4）安装刷架时，角度和几何位置要保证在原状态，碳刷的滑入边和滑出边必须要保持平行。

（5）对运行中的发电机更换碳刷时要特别小心，注意衣服袖口及擦拭材料，不会被机器挂住。工作时站在绝缘垫上，不得同时接触两极或一极与接地部分，也不能两个人同时进行工作。

案例 12　CT 接线错误导致发电机定子不能升压

【简述】

2014 年 10 月 24 日，某厂 #3 发电机短路试验结束，发电机开始做空载试验。空载试验时发现启励后发电机定子建不起压。

【事故经过】

根据发电机空载试验时定子建不起压，但短路试验励磁调节装置及回路正常，励磁厂家人员怀疑发电机转子回路有问题，并要求检查励磁回路（特别是碳刷接触）及发电机转子。用数字万用表测量发电机转子直阻约为 400 Ω（发电机转子 3 000 r/min，该方法无法正确测量转子直阻），但测量转子交流阻抗未发现异常，处理碳刷后问题仍未解决。励磁厂家人员坚信励磁调节装置正常，某厂检修人员认为发电机转子回路没有问题。

讨论后决定再通过外加交流模拟励做试验，检查励磁调节装置及励磁回路。外加交流零起升压发现发电机定子仍建不起压，第二次试验时发现发电机定子电流升幅较大，由此判断发电机定子回路存在问题。询问发现试验前工作人员未检测绝缘，此时该厂检修人员意识到问题所在，并在发电机出线共箱母线穿墙套管（带 CT）处，发现 CT 外壳接地线和 CT 与母线连接线连接在一起并烧损（图 1）。

【事故原因】

经检查发现，在 CT 检查试验及发电机定子耐压试验结束恢复接线时，工作人员将 CT 外壳接地线错误地和 CT 与母线连接线连接在一起，导致发电机出口母线三相短路接地。在发电机短路试验时部分短路电流经该处三相接地线，造成 CT 外壳接地线接线、CT 与母线连接线外绝缘烧损。但由于该短接点与试验所设短路点接近且不影响 CT 读数，故在发电机短路试验中未能发现该问题。

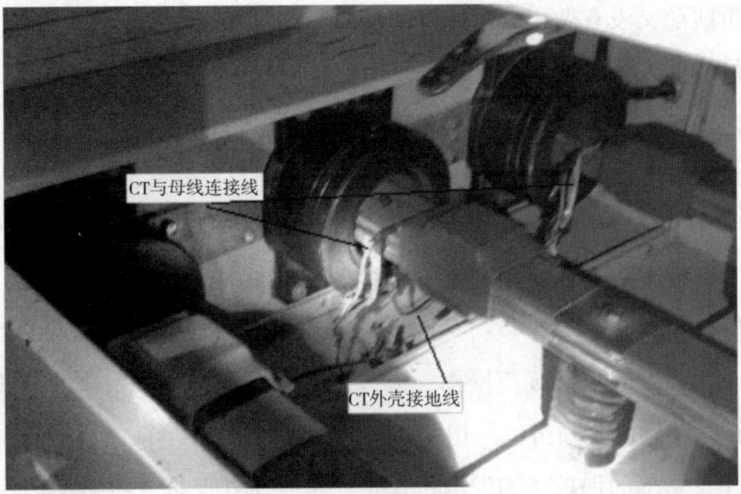

图1 CT 外壳接地线接线错误及烧损状况

CT 正确接线如图 2 所示［发电机中性点母线穿墙套管（带 CT）］。

图2 CT 外壳接地线正确接线

由于 CT 外壳有烧灼痕迹，运行人员担心 CT 有问题，为减少对检修工期的影响，决定拆出 CT，先用 #4 机的更换，另对 #3 机 CT 做全面试验检查。

造成该问题的几个关键之处：

1. 检修试验人员对现场设备不熟悉，操作不规范。由于不清楚 CT 接线用途及特性，拆线前又没有做相应的标记，因此造成恢复接线时出现错误。

2. 电厂专业人员对现场工作跟踪不到位，未严格执行三级验收制度，致使该错误接线未能被及时发现并处理。

3. 对类似发电机短路及空载试验等重要试验项目没有提前制定详细并经审核的试验方案，运行人员在发电机检修工作结束后，在没有测量发电机相应回路绝缘的情况下就准许短路及空载试验，属于操作不规范。

【防范措施】

1. 要求检修试验人员规范操作，拆装设备及拆接线时应先熟悉图纸、设备，并做好标记。关键部位须由电厂相关人员见证。

2. 对涉及系统的保护（如发电机保护、主变压器保护、线路保护等）试验，执行“两票”措施，即“工作票”及“继电保护安全措施票”。

3. 电厂专业人员应严格执行三级验收制度，严防“以包代管”。

4. 对重要试验项目制定详细并经审核的试验方案，应列明操作步骤及试验记录等事项。相关操作人员在试验前均应熟悉试验方案及操作步骤。

5. 运行人员启停设备，应严格执行操作规程、规范操作，有绝缘要求的做好测试并记录。

案例 13　鼠害造成跳机事故

【简述】

2016 年 5 月 23 日中班，某厂发生 #2 厂变高压侧 512 开关、低压侧 402 开关、10 kV 出线 F12 开关跳闸，汽轮发电机甩负荷超速保护动作跳机，引起全厂失电异常事件。经紧急处理，切除故障变压器，机组设备恢复正常运行。

【事故经过】

2016 年 5 月 23 日中班，某厂集控室照明灯闪烁后全灭，400V 配电室发出一声响声，同时电气、锅炉、汽机、烟气画面均出现大量声光报警。

运行人员迅速翻看各画面，电气画面 #2 厂变高压侧 512 开关、低压侧 402 开关、10 kV 出线 F12 开关、发电机出口 501 开关、#1 厂变低压侧 401 开关均已跳闸；母联 412 开关处于合闸状态，出线电缆对侧电压 10.4 kV。此时全厂处于失电状态，#1、#2 锅炉 MFT 动作，汽机跳机，所有辅机处于失电跳闸状态。

事故发生后当班值长确定出线电压存在，抢合 F12 成功，逐步恢复厂用电，确保设备安全。经过相关人员检查判断，故障发出点为 #2 厂变，在隔离 #2 厂变后执行启机并网操作，恢复机组运行。

【事故原因】

经检查确认此次事件的直接原因为一只老鼠进入 #2 厂变，引起 #2 厂变高压侧单相接地，继而发生相间短路及三相短路，产生瞬时过电流，触发继电保护动作，引起 #2 厂变高压侧 512、低压侧 402、10 kV 出线 F12 跳闸。

1. #2 厂变高压侧 512 开关动作分析。

经过分析，初步判断进入 #2 厂变的老鼠造成了高压侧 C 相对老鼠放电，老鼠被烧焦过程中，产生的水汽及烟气飘至 A、B 两相，引发弧光短路。在这个过程中，首先形成 B、C 相间短路，一个周期后发生三相短路，#2 厂变继电保护装置电流速断保护动作，#2 厂变电流速断保护动作延时设置为 0，#2 厂变高压侧 512 开关、低压侧 402 开关瞬间跳闸动作。

从 #2 厂变高压开关继保装置 SEL-351 中提取的波形和数据记录也印证了该判断。

通过图 1 中 512 的波形图和参数可以看出，在前 3 个周期，C 相电流已超过额定值（110 A），A、B 两相电压已经升高至线电压，C 相电压已经接近 0，此时 C 相已经对老鼠接地短路放电。从第 4 个周期开始，B、C 相电流明显增大，此时 #2 厂变高压侧已经由 C 相单相接地短路发展成 B、C 相间短路。在第 5 个周期，已经可以看出三相电流都已经增大，此时 #2 厂变已经发展成三相短路。在第 4 个周期 B、C 相电流已经触发电流速断保护（2 064 A），但是由于开关机构从收到跳闸到完全分闸的指令大概需要 40 ms，也就是 2 个周期，从图 1 可以看出，512 开关是在第 7 个周期完成分闸的。

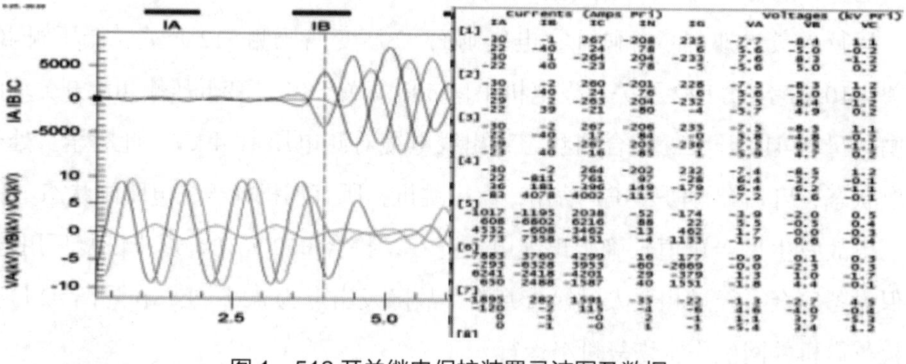

图 1　512 开关继电保护装置录波图及数据

2. 10 kV 出线 F12 开关动作情况分析。

由于 #2 厂变高压侧 512 开关传动机构动作时间需要 40 ms，此时 10 kV 出线 F12 开关电流已经触发保护装置电流速断保护，F12 电流速断保护没有设置延时，F12 动作跳闸。

通过图 2 中 F12 的波形及参数可以看出，F12 由于 #2 厂变高压侧单相接地，A、B 相电压变成线电压。第 4 个周期出现短路故障电流，第 5 个周期触发瞬时电流速断保护（启动值 2 150.4 A），第 7 个周期 F12 分闸。

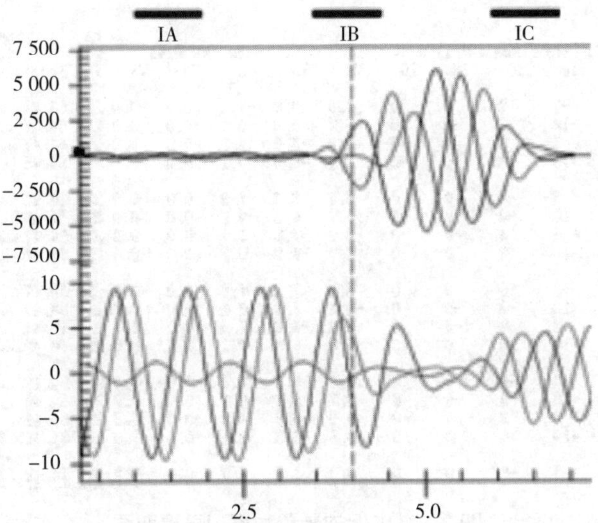

图 2　F12 开关继电保护装置录波图

3. #2 厂变低压侧 402 开关动作分析。

#2 厂变电流速断保护（启动值 2 064 A）动作，变压器低压侧 402 开关进水闸保护动作正常。

4. #1 厂变低压侧 401 开关动作分析。

#1 厂变继电保护配置与 #2 厂变一致，出现过电流保护或电流速断保护动作，将会跳开变压器两侧断路器。本次事故中 #1 厂变只有低压侧 401 开关跳闸，高压侧 511 开关仍在合闸位置，可以排除 #1 厂变低压侧 401 开关过电流保护动作跳闸。

5. 汽轮发电机跳机分析。

汽轮发电机因 512、F12 开关接连跳闸，汽机甩负荷电超速保护动作跳机。

图 3 中显示汽轮机此时频率已经达到 54.49 Hz，汽轮机转速已达到 54.49 r/s × 60 s = 3 269.4 r，触发汽轮机电超速保护（汽轮机电超速保护动作值 3 270 r）。

6. #2 厂变检查检测。

因 #2 厂变受电流冲击，各接头均有烧蚀，已经对烧蚀部位进行了打磨，更换烧蚀严重的垫片。

经过处理和试验合格后，确定 #2 厂变具备投用条件，运行人员按照倒闸操作票完成倒闸操作，#2 厂变投入运行。

```
                                                                         Out  In
      Currents (Amps Pri)                    Voltages (kV Pri)           1357 135
   IA     IB     IC     IN     IG     VA     VB     VC     VN     VS  Vdc Freq  246A 246
[1]
   11     -3     -8      0      0    3.9    3.8   -7.8    0.0   -0.0 219 54.48 .... ...
   -2     10     -8     -0      0   -6.7    6.8   -0.1   -0.0    0.0 219 54.47*.... ...
  -11      3      8     -0     -0   -3.9   -3.8    7.8   -0.0    0.0 219 54.47 .... ...
    2    -10      8      0     -0    6.7   -6.8    0.1    0.0   -0.0 219 54.46 .... ...
[2]
   11     -3     -8      0      0    3.9    3.8   -7.8    0.0   -0.0 219 54.46 .... ...
   -2     10     -8     -0      0   -6.7    6.8   -0.1    0.0    0.0 219 54.47 .... ...
  -11      3      8     -0     -0   -3.9   -3.8    7.8   -0.0    0.0 219 54.47 .... ...
    2    -10      8      0     -0    6.7   -6.8    0.1   -0.0   -0.0 219 54.47 .... ...
[3]
   11     -3     -8      0      0    3.9    3.8   -7.8    0.0   -0.0 219 54.47 .... ...
   -2     10     -8     -0      0   -6.6    6.8   -0.1    0.0    0.0 219 54.47 .... ...
  -11      3      8     -0     -0   -3.9   -3.8    7.8   -0.0    0.0 219 54.47 .... ...
    2    -10      8      0     -0    6.6   -6.8    0.1    0.0   -0.0 219 54.49 .... ...
[4]
   11     -3     -8      0      0    3.9    3.8   -7.8    0.0   -0.0 219 54.49 .... ...
   -2     10     -8     -0      0   -6.7    6.8   -0.1    0.0    0.0 219 54.49 .... ...
  -11      3      8     -0     -0   -3.9   -3.8    7.8   -0.0    0.0 219 54.49 .... ...
    2    -10      8      0     -0    6.6   -6.8    0.1   -0.0   -0.0 219 54.48>.3..  1.
[5]
   11     -3     -8      0      0    3.9    3.8   -7.8    0.0   -0.0 219 54.48 .3..  1..
```

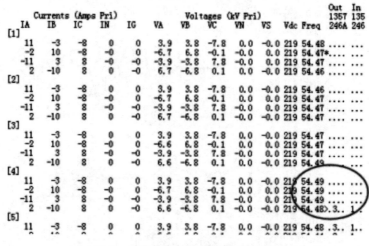

图 3　继电保护装置数据记录提取图

【防范措施】

1. 多次检查和布线造成高低压配电室沟道孔洞封堵材料松散，高低压配电室及 #2 厂变出现漏洞造成老鼠进入，导致 #2 厂变跳闸事故。为杜绝此类事件再次发生，对高低压配电室所有电缆沟、桥架进行了检查及防火泥加固封堵；对全厂配电柜动力箱进行排查，消除漏洞隐患并加强高低压配电室的管理。

2. 此次继电保护动作值与 2005 年定值单一致，但是 2015 年华力特对该厂的继电保护校验报告与实际值不一致，存在工作失误。该厂将积极联系华力特，确认校验报告事宜，并在 C 修中认真校验，得出正确数值。

3. 401 跳闸原因只能通过现象及逻辑初步判断为备自投通讯错误，在查明原因前将备自投压板解除，防止类似情况再次发生。接下来联系厂家来厂检查通讯是否正常、接线是否正确，在 C 修时通过试验确认 401 跳闸原因。

4. 此事件也暴露出该厂在管理上的漏洞和缺陷，该厂将吸取此次深刻教训，提高机组安全稳定运行能力加强管理，杜绝此类事故再次发生。

案例 14　PT 断线导致线路解列事故

【简述】

2014 年 5 月 22 日，某厂由于 GIS 母线 11PT 二次侧 C 相接线端子产生松动，引发故障解列保护装置动作，造成线路解列停电事故。

【事故经过】

11∶39∶56.210，9658C—整组启动，相对时间为 0 ms。

11∶39∶56.283，9658CS—PT 断线，相对时间为 73 ms。

11∶39∶56.551，9705C—断路器 10 合位分，相对时间为 341 ms。

11∶39∶56.558，9705C—断路器 10 分位合，相对时间为 348 ms。

11∶39∶56.615，9658CS—低压解列 1 段动作，相对时间为 405 ms。

11∶39∶56.698，9658CS—PT 断线返回，相对时间为 488 ms。

【事故原因】

该厂故障解列装置为南京某电气有限公司生产的 RCS-9658CS 型设备，该设备设置有二段低周解列、二段高周解列和二段低压解列保护；线路测控装置型号为 RCS-9705C（表 1）。

表 1　RCS-9658CS 装置与本事件相关的定值

序号	描述	定值	单位
1	母线 PT 额定一次侧	110	kV
2	母线 PT 额定二次侧	100	V
3	线路 PT 额定一次侧	110	kV
4	线路 PT 额定二次侧	100	V
5	零序 PT 额定一次侧	110	kV
6	零序 PT 额定二次侧	100	V
7	低压解列 1 段定值	80	V
8	低压解列 1 段时间	0.4	s
9	低压解列经 PT 断线闭锁	1	1 表示投入；0 表示退出

该厂 GIS 设备是河南某股份有限公司产品，型号为 ZF12-126（L）。该设备设有 3 个间隔，分别为主变高压侧间隔、110 kV 荷电线出线间隔和 PT 间隔。其中 11PT 为母线三相 PT，变比是 $\frac{110}{\sqrt{3}}$ / $\frac{0.1}{\sqrt{3}}$ / $\frac{0.1}{\sqrt{3}}$ / 0.1（0.2/0.5/3P 精度），10PT 为线路 A 相 PT，变比是 $\frac{110}{\sqrt{3}}$ / $\frac{0.1}{\sqrt{3}}$ / 0.1（0.5/3P 精度）。

该厂的保护测控装置 RCS-9658CS 和 RCS-9705C 均采用软对时方式，即网络对时。6 月 28 日该厂对 RCS-9658CS 和 RCS-9705C 的对时进行了试验。先将两个保护装置的时间手动的调慢 1 min，再观察时间的变化情况。在几十秒之后，两个保护装置的时间都自动恢复到准确时间，表明网络对时功能正常。

保护动作的故障波形具体如图 1 所示。

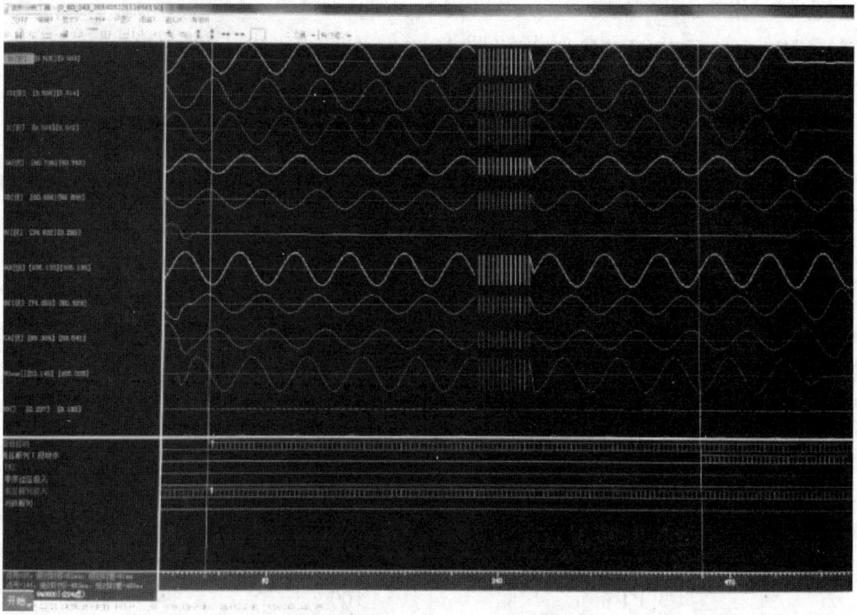

图 1　保护动作的故障波形

保护动作启动时 B、C 相线电压为 74.9 V，保护动作比保护启动延时 399 ms，其与低压 1 段保护定值 80 V 延时 0.4 s 动作相吻合。观察三相电流在保护动作后 30 ms 后才全部消失，说明 10 断路器是在保护动作后分开的，所以在不考虑 PT 断线闭锁时，保护动作正确及时。

再分析 PT 断线的报警情况，将图 1 中的数据 $U_{0SUM}=(U_A+U_B+U_C)\times\sqrt{3}=53.1$；$U_0=0.2$；代入说明书上的判据 1：

$|53.1-3\times0.2|$ 4 V；

53.1>8 V；

$3\times0.2<8$ V；

3 个式子均成立。

这表明 PT 断线判据 1 成立，触发报警后与报文一致。但是在报警后设备并没有闭锁掉保护，在图 1 中能看到“闭锁解列”一直处于 0 位。而在 6 月 23 日查看到的保护定值内，“PT 断线闭锁低压解列”控制字为投入 1 状态，于是只能怀疑有两种可能：

1. 保护装置发生故障，“PT 断线闭锁低压解列”的功能不能正确闭锁低压保护。

2. 在 5 月 22 日事件前，“PT 断线闭锁低压解列”控制字并未投入，在 5 月 22 日事件后才被人为投入。

对于第一种可能，运行人员在机组运行时便可以进行保护试验来验证。简要试验方法：（1）退出 RCS-9658CS 保护出口硬压板；（2）确认“PT 断线闭锁低压解列”控制字为投入 1 状态后，人为断开 11PT 接入 RCS-9658CS 的任一相小空开；（3）观察 RCS-9658CS 装置是否有低压保护动作。如果有保护动作，表明保护装置故障；如果 PT 断线报警且保护未动作，则表明保护装置正常。（4）复位 RCS-9658CS 装置；（5）投入 RCS-9658CS 保护出口硬压板。

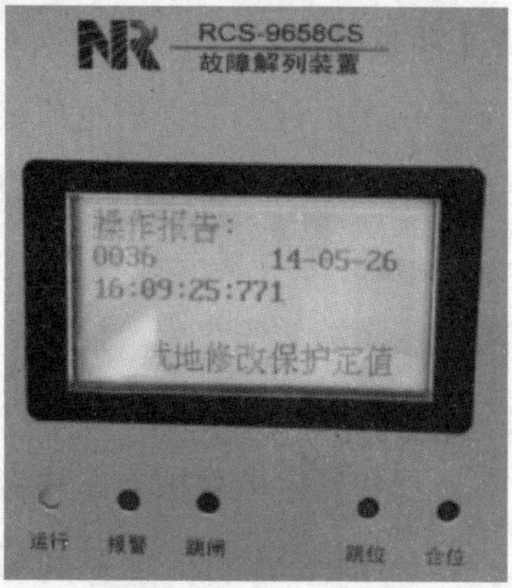

图 2 RCS-9658CS 装置的操作报告

对于第二种可能，查看 RCS-9658CS 装置的操作报告，发现 5 月 26 日 16：09 有一次“就地修改保护定值”的记录，且 2014 年的操作报告内仅有此一次记录，如图 2 所示。

修改保护定值是需要输入密码的，但这次修改至今仍不能确定是谁进行了修改，修改的具体内容是什么。

通过查阅图纸和现场检查，确定 RCS-9658CS 装置所接的母线 PT 是第二组二次绕组，即变比是 $\frac{110}{\sqrt{3}}$ / $\frac{0.1}{\sqrt{3}}$（0.5 精度）；所接的零序 PT 是开口三角形二次绕组，即变比 $\frac{110}{\sqrt{3}}$ /0.1（3P 精度）；所接的线路 A 相 PT 是第一组二次绕组，即变比是 $\frac{110}{\sqrt{3}}$ / $\frac{0.1}{\sqrt{3}}$（0.5 精度），查看正常运行时 A 相 PT 二次值为 60.5 V，这也验证了这一点。按说明书内要求“线路 PT 额定二次值必须按实际整定”，所以正确的定值如表 2 所示。

表 2　PT 正确的定值

序号	描述	定值	单位
1	母线 PT 额定一次侧	63..5	kV
2	母线 PT 额定二次侧	57.7	V
3	线路 PT 额定一次侧	63.5	kV
4	线路 PT 额定二次侧	57.7	V
5	零序 PT 额定一次侧	63.5	kV

上述定值的错误对说明书内 PT 断线判据 2 的计算有影响，而对 5 月 22 日事件没有直接影响。

【防范措施】

1. 档案室存档的保护定值整定单是机组投运时的数据，不包括 RCS-9658CS 装置。RCS-9658CS 保护是 2013 年新增继电保护设备，在设备厂家调试试验后，该厂并未拿到调试报告和正式的定值整定单，因此不能确定 5 月 22 日事件前“PT 断线闭锁低压解列”控制字是否已经投入 1。现在该厂应对所有保护配置进行打印备份存档，以便在事故分析时有据可查。

2. 尽快确定电跳机方案并实施，避免发生汽机超速事件。

3. 在停机检修时，将紧固端子作为重点项目。主要部分是电气保护系统、励磁同期系统、汽机热工保护系统和汽机调速系统，确保不再发生类似事件。

4. 进一步检查保护装置，查明有没有“电压断线闭锁”功能及电压整定值。若没有“电压断线闭锁”功能，建议增加该功能，避免 110 kV 母线 PT 二次回路故障时误跳开线路。

5. 检查 110 kV 母线 PT 二次保险或小开关是否为单相配置，若为三相联动型，建议更换为同参数单相型。

案例 15　电网故障引起发电机及变压器后备保护越级动作事故

【简述】

某厂投产后，先后发生 4 次由于外部线路（非电厂出线荷电线）故障引起本厂 #1 主变及发电机后备保护动作，发电机出口 01 开关，#1 主变 110 kV 变压侧 11 开关，10 kV 厂用电 I 段母线进线 52 开关，均跳闸，其中两次造成全厂停电。动作统计如表 1 所示。

表 1　某厂外电源故障引起保护动作统计

序号	时间	故障地点	保护动作情况	事故后果	保护动作评价
1	2013 年 4 月 7 日 15:21	台商变至荷包湖 110 kV 线路被树木挂断	#1 主变及发电机后备保护复压过流保护	跳 11、01、52 开关，造成全厂停电	保护定值整定不当，越级动作
2	2013 年 5 月 24 日 15:46	110 kV 商荷一回 A 相故障	#1 主变高后备保护	跳 01、11、52 开关，全厂停电	定值整定不当，越级动作
3	2015 年 1 月 16 日 16:01	外部线路（非荷电线）A 相短路	#1 主变高后备保护复压过流 I 段、发电机后备保护复压过流 I 段	跳 01、11、52 开关，手动停机	定值整定不当，越级动作
4	不详	外部线路故障	#1 主变及发电机后备保护	跳 11、01、52 开关	定值整定不当，越级动作

【事故原因】

以上 4 次事故，均为外部故障后该厂线路（荷电线）后备保护未动作，而发电机、主变后备保护动作。

线路保护定值，接地阻抗 Ⅲ 段时间为 2.3 s；相间阻抗 Ⅲ 段时间为 2.6 s；

零序 Ⅲ、Ⅳ 段时间为 2.3 s。

#1 主变高后备保护 9681CS 过流段的电流定值为 1.77 A，动作延时为 0.4 s，保护出口为跳 01 开关、跳 11 开关、跳 52 开关。发电机后备保护 985SS 过流段电流定值为 4.7 A，动作延时为 0.4 s，保护出口为跳 01 开关。

由定值通知单发现，目前发电机、主变后备保护复压过流保护电流值按躲负荷电流值整定，延时整定值没有与线路保护配合，实际整定值比线路保护后备保护延时整定值短，导致 4 次外线路故障后发电机、主变后备保护动作而线路保护没有动作。

根据相关保护整定规则《大型发电机变压器继电保护整定计算导则》（DLT 684—2012）、《南方电网大型发电机及发变组保护整定计算规程》（QCSG 110034—2012），发电机、主变复压过流保护等后备保护整定原则如下：

1. 复压电流保护。

电流定值按躲过变压器额定电流整定。

时间定值按与相邻出线相间后备保护最长时间配合。

若发电机及主变高压侧同时配盖复压电流保护，发电机保护延时比主变高压侧保护延时增加一个延时等级。

2. 阻抗保护。

阻抗保护一般采用圆特性，保护范围包括系统侧部分线路及主变，指向系统侧的保护边界与系统出线的 Ⅰ 配合。

3. 零序电流保护。

零序 I 段按与系统出线的零序 Ⅰ 段或 Ⅱ 段配合，零序 Ⅱ 段按与系统出线的零序后备段配合。

因此，发电机、主变复压过流保护延时相同（0.4 s）是不符合保护整定规则的。考虑防止 10 kV 母线及设备故障和某变电站失电造成发电机过负荷，可以根据发电机定子绕组过负荷能力（如表 2 所示），复压过流保护时间整定也可以延长。

表 2　发电机定子绕组过负荷能力

时间 /s	10	30	60	120
定子电流过负荷 /%	220	154	130	116

【防范措施】

1. 了解几次故障时外部设备保护及该厂线路保护动作行为，并分析是否正确。

2. 根据《大型发电机变压器继电保护整定计算导则》（DLT 684—2012）及其他相关规定、说明书，按照相关保护配合的原则，与系统存在配合关系的发电厂后备保护有复压电流保护、阻抗保护、零序电流保护，要重新制定发电机、主变复压过流保护定值。

案例 16　更换碳刷操作不当造成发电机跳闸事故

【简述】

某厂 2014 年 12 月 23 日 00∶12 两炉一机正常运行，运行人员发现发电机碳刷冒火严重后，立即降负荷运行。检修人员现场进行紧急处理，发现滑环内侧碳刷冒火并形成环火，立即更换了碳刷，更换过程中的操作造成转子二点接地保护动作，发电机跳闸。

【事故经过】

2014 年 12 月 23 日 00∶12，某厂发电机有功为 11.36 MW，发电机无功为 3.18 Mvar，励磁电流为 219 A，励磁电源为 125 V，#1 炉汽包压力为 4.5 MPa，#2 炉汽包压力为 4.5 MPa，凝汽器真空为 -96 kPa，主汽压力为 3.82 MPa，主汽温度为 388℃。两炉一机运行。运行人员在交接班时发现发电机碳刷冒火严重后，立即降负荷运行并通知检修人员（当时有功负荷降至 11.0 MW 左右）。检修人员对现场紧急处理，发现滑环内侧碳刷冒火并形成了环火，随即更换了碳刷。由于当时碳刷冒火较大、情况紧急，检修人员在更换碳刷过程中没有逐一进行更换，这引起了电流的大范围转移，导致其他几组碳刷电流迅速增大、温度上升，并形成了更大的环火。由于操作不规范，更换碳刷工作中造成转子接地并引起发电机转子两点接地保护装置动作跳闸。

发电机跳闸后，运行人员迅速查看 DCS 报警画面及保护装置动作情况。主汽门关闭光子牌、电气软光子牌报警，DCS 画面显示励磁变速断保护报警、发电机保护装置显示“trip”，无其他报警信号。转子接地保护装置显示转子两点接地跳闸信号。运行人员同时对励磁调节系统、发电机出线电缆、10 kV 开关、10 kV CT 及 10 kV PT 等进行了全面检查，均未发现其他异常。碳刷形成的环火使得滑环表面不均，检修人员对滑环表面用细砂纸进行了研磨，更换了有问题的碳刷和压簧，并按照规程对每个碳刷进行了检查，确保每个碳刷在刷握内上下活动自由、无卡刷和碳刷焊附在刷握壁等现象。对励磁变压器及发电机转子绕组进行了绝缘检测，绝缘值合格。

运行人员锅炉和汽轮发电机组进行全面检查，检查后发现 #2 锅炉三级过热器泄漏，因此对 #2 炉停炉进行检修，关闭 #2 炉主蒸汽手动门，退出 #2 炉空预器运行，停运 #2 炉 SNCR 系统和活性炭喷射系统。恢复 #1 炉燃烧并启动汽轮机，6∶00 并网成功。

【事故原因】

1. 碳刷冒火的主要原因。

（1）部分碳刷磨损过短，碳刷不能跟滑环良好接触。

（2）由于压簧使用时间较长，各压簧的压力不同，使得滑环与碳刷的接触电阻不同，导致碳刷电流分布不均。

（3）滑环通风沟、滑环表面存在积碳，导致散热效果不好。

（4）由于长时间磨损导致滑环表面局部不平。

2. 检修人员在处理突发事件时，没有严格按照操作规程进行更换是造成此次事故发生的直接原因。

【防范措施】

1. 发电机碳刷发生环火时，应立即降低发电机无功来大量降低发电机的励磁电流，以消除或减少发电机环火。如发电机环火冒火现象消除，应及时对有问题的碳刷进行调整或更换。

2. 运行人员、检修人员及专业工程师应定期对发电机滑环、碳刷及压簧等进行全面系统的检查，发现异常要及时处理。

3. 由于目前发电机长期处于超负荷运行状态，励磁电流较大，因此导致碳刷温度升高、磨损严重，巡检人员应定期对发电机碳刷及滑环进行测温并做好记录（一般温度在 50～80℃）。

4. 检修人员更换碳刷时不得同时接触两极，或同时接触一极与接地部分，也不能两人同时进行工作。更换碳刷时要使用同一型号的碳刷。更换碳刷应逐一进行，严禁两块及以上碳刷同时更换。更换下部碳刷时特别注意防止碳刷脱落。

5. 加强检修人员的培训，严格按照操作规程进行更换碳刷等工作。

6. 此次事件中发电机保护装置的可靠动作避免了事故的扩大。在保护装置的每次定检中需继续加强装置的定值校验、开关联动试验等，确保装置可靠及时动作。

7. 每次停机时，应清除集电环通风沟内的碳尘物，以免影响散热及通风效果。

8. 电气专业工程师应加强现场设备巡视检查，摸清设备运行状况，制定详细的设备日常维护方案和现场应急措施。

9. 发电机滑环温度上升较快并超过极限运行温度且环火现象仍未消除时，应停机处理。

案例 17　35 kV 输电线接线端子发热事件

【事件经过】

2019 年 3 月 20 日 20∶00，某厂电仪主管对 35 kV 深能线进行夜间巡检。20∶10，巡检人员至 #4 杆时发现 B 相架空线与电缆接线端子处发热严重，一螺栓发红光，经热成像仪测温显示为 200℃。情况发生异常时，该厂两炉一机运行正常，#1 机负荷为 13 251 kW，35 kV 深能线负荷为 11 337 kW，电流为 180 A，35 kV 深能线线路保护装置运行正常，无保护启动、报警（图 1）。

图 1　35 kV 深能线 #4 杆 B 相接线端子发热照片

处理过程：发现异常后，巡检人员立即向当值值长汇报。值长通知公司各级领导，启动应急预案。将线路负荷由 11 337 kW 降至 4 000 kW 时，接线处发热情况无改善。

3 月 20 日 22∶00，该厂向该市地调申请解列 #1 发电机组，将 35 kV 深能线由运行转检修。

3 月 20 日 23∶49，#1 发电机组解列。

3 月 21 日 00∶48，35 kV 深能线由运行转热备用。厂用电由 35 kV 深能线带倒至由 10 kV 保安线带。

3 月 21 日 1∶18，35 kV 深能线由热备用转至检修。

安全措施全部做好后，检修人员对 #4 杆 B 相架空线导流板与电缆头接触面进行打磨，涂抹电力复合脂、更换压紧螺栓并做紧固处理。检修过程中因阵风较大故而中断作业，延长了检修时间。

3 月 21 日 7∶30，异常事件处理完毕后，该厂向该市地调报竣工，申请将 35 kV 深能线由检修转运行。

3 月 21 日 7∶53，35 kV 深能线转运行，厂用电由 10 kV 保安线带倒至由 35 kV 深能线带。35 kV 深能线恢复运行。

3 月 21 日 16∶26，#1 发电机组并网。

【事故原因】

1. 建设期可能存在螺栓压接不紧的情况，而工程验收时也未发现。

2. 电缆部分悬空较长，受风吹摆动影响，压接螺栓发生松动，电流流过螺栓时也会导致螺栓发热。

【防范措施】

1. 加强日常巡检，特别是夜间巡检，做好电缆连接处测温工作，并做好记录。

2. 利用机组 C 级检修机会，及时安排线路检修，对所有接线端子的压接螺栓进行紧固，增加电缆悬空部分支架，并做好监督验收工作。

案例 18　引风机高压变频器故障跳闸事故

【事故经过】

2015 年 8 月 2 日 14∶10，某厂 #2 引风机高压变频器重故障报警跳闸，67 断路器跳闸，运行人员就地查看变频器面板有“C2 光纤故障 XE”报警显示（图 1）。该厂联系设备厂家后，将功率模块 C2 与 C3 的光纤对调，以确认是光纤故障还是 C2 功率模块内光电转换或光纤端座故障。15∶00 重新启动变频器，设备无任何报警并运行正常。

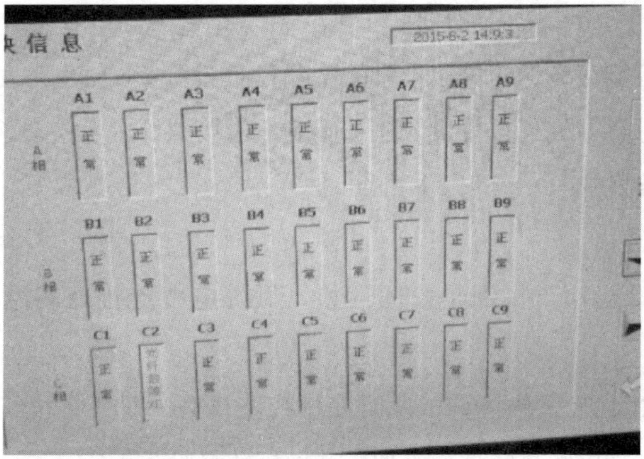

图 1　C2 光纤故障跳闸报警信号

8 月 3 日 01∶25，#2 引风机高压变频器再次重故障报警跳闸，67 断路器跳闸，运行人员就地查看变频器面板有“C3 光纤故障 XE”报警显示（图 2），由此确认故障部件是 C2 功率模块，立即更换功率模块备件，将 C2 与 C3 的光纤对调恢复为原正常状态。02∶16，设备重新启动后，正常投入运行。

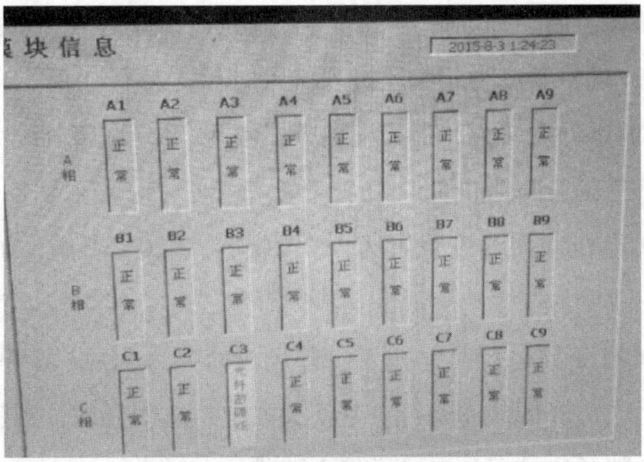

图 2 C3 光纤故障跳闸报警信号

【事故原因】

该厂引风机高压变频器型号为 HARSVERT-A10/040，为北京某电气技术有限公司生产供应，变频器功率模块采用单元串联方式，每相串联单元数为 9 个，任一块发生故障时（包括三相同时故障），变频器能自动切除故障并保证能持续输出 100% 额定功率，当某一相出现 2 块功率模块发生故障时，变频器可以保证有效输出负载为额定负载的 92%。

光纤故障属于重故障类，继电器输出通过硬接线直接联锁跳电源侧高压断路器，即本次事件 67 断路器跳闸，动作情况正常。

【防范措施】

1. 将故障功率模块送回原厂维修；联系设备公司，择机对两台引风机高压变频器进行整体预防性检测试验。

2. 进一步盘点高压变频器各类备品备件。

3. 高压变频器室内增加温湿度表并定期巡检记录，保证室内温湿度在可控状态。功率模块故障率与运行环境关系密切，温度、湿度、粉尘会直接影响模块寿命。该厂高压变频器自投产至今，整体运行情况良好，此前未出现类似故障。因此应增加该厂高压变频器室内湿度的监控，加强巡检。

4. 对 DCS 相关逻辑和设置进行修改，提高运行安全稳定性。

（1）增加炉膛负压测点声光报警，高低设定值分别为 200 Pa，-200 Pa。

（2）高压变频器启动和电源侧断路器合闸允许条件之一为“引风机入口风门开度大于 20%”，现将其改为“引风机入口风门开度大于 10%”。

（3）原 MFT 条件之一为“引风机变频器停止”，现在将其改为“引风机变频器停止与引风机工频旁路停止”。

（4）引风机电机线圈温度设置为 110℃报警，120℃跳闸；轴承温度设置为 90℃报警，95℃跳闸。

（5）当引风机变频运行时，如果冷却风扇跳闸，引风机变频 PID 调节将切至手动，请运行人员降低频率运行，密切关注电机线圈温度；当引风机工频旁路运行时，如果冷却风扇跳闸，引风机将立即跳闸。

5. 加强运行、检修的现场技能培训和事故预习演练，应制定高压变频器故障事故预案，提高事故处理能力。如果高压变频器发生故障跳闸，为减少对锅炉负荷的影响，尽量不解列锅炉，应立即投入引风机工频旁路。

案例 19　焚烧变 C 相线圈烧毁事故

【简述】

2015 年 6 月 9 日 22∶17，某厂 2# 焚烧变（鲁能泰山，型号：SCB10-2000/10；额定电压：10.5 ± 2 × 2.5%/0.4 kV）在运行中故障动作跳闸。变压器于 6 月 13 日返厂维修。6 月 23 日原厂开始对变压器进行拆解，查找烧毁原因，并重新对 C 相高压线圈绕线、浇注。7 月 1 日，变压器修复返回某厂并完成安装工作。7 月 3 日，全部试验合格后投入正常运行。

【事故经过】

本次故障发生前，该厂 2 炉 1 机运行正常，发电机负荷为 16 609 kW，10 kV 母线 AB 线电压为 10.21 kV，2# 焚烧变高压侧 A 相电流为 28.66 A，有功功率为 414.92 kW。

2015 年 6 月 9 日 22∶17，2# 焚烧变开关跳闸（62 断路器“过流Ⅱ段动作”；402 断路器跳闸），2# 焚烧变所带的 2# 锅炉一次、二次等风机、液压系统、2# 空压机等设备失电跳闸。

22∶17，焚烧线Ⅱ段 412 备自投投入使用，电压恢复，运行人员迅速恢复锅炉辅机设备。

22∶41，2# 焚烧变做好按错转检修状态。现场检查 #2 焚烧变厂用干式变压器 C 相高低压线圈之间空隙有从内部向两端夹件喷射烧黑的痕迹，测 C 相高压侧对地绝缘为 0.3MΩ，C 相高压线圈直阻开路。初步判断为 C 相高压侧线圈发生故障烧损。

【事故原因】

检查历史曲线，该厂设备跳闸前 #2 焚烧变轻载运行，无载分接开关位于 5 档（即变比为 10 000 V/400 V）位置，高压侧电压为 10.2 kV，低压侧电压为

400.4 V，运行电流为 28.66 A，有功功率为 414.92 kW，无功功率为 274.1 kvar。

继电保护分析：#2 焚烧变高压侧 62 断路器设有两段过电流保护，过流Ⅰ段动作值为 58.6 A，动作时限为 0.05 s，过流Ⅱ段动作值为 14.4 A，动作时限为 0.4 s；查故障波形，62 断路器最大电流为 30 A，未达到过流Ⅰ段动作值，达到过流Ⅱ段动作值，实际动作延时 405 ms，与保护配置吻合。焚烧线Ⅱ段备自投 9651CS 装置动作情况与保护配置吻合。继电保护动作全部正常。

2015 年 7 月 23 日，在该厂工作人员的见证下，变压器生产厂家开始对变压器进行拆解发现如下问题：

1. 故障点位于距线圈下端部约 170 mm，线圈升层的跨接线与靠近气道侧的正常段相交部位。其中升层的跨接线被烧蚀出缺口，但未完全熔断，正常段电磁线完全熔断，如图 1 所示。

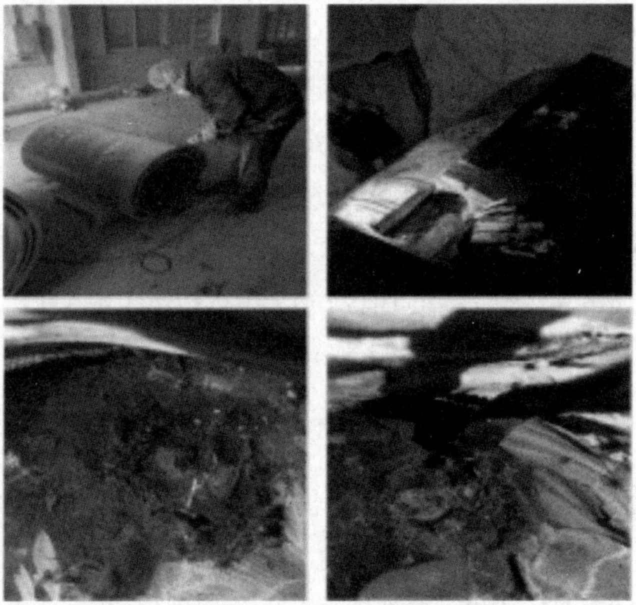

图 1　#2 焚烧变故障点

2. 故障原因为线圈质量问题，但这是偶发情况，非批次普遍问题。经鲁能泰山公司设计部人员计算，故障点两根电磁线间的电压为 1 155 V，线圈导线自身的绝缘强度完全满足耐压要求，因此怀疑此处的电磁线存在毛刺，虽然出厂试验合格，但在长期运行中仍存在微小的局部放电情况，故而此处的绝缘缓慢形成氧化，经长期累积最终导致绝缘失效并击穿，形成线圈短路。

【防范措施】

1. 鲁能泰山公司对该厂正在运行的其他 5 台干式变压器进行红外成像等检查（检查结果无异常），待 10 月 C 修时，再进行全面的停电检查。

2. 运行管理部应加强对各运行变压器的检查力度，认真记录各相绕组温度、冷却风扇、电流电压等运行情况信息。

3. 检修策划部应每月对全厂各配电设备进行一次红外热成像工作，做好详细记录，进行比对分析。

4. 检修策划部应定期进行电气预防性试验工作，严格参照国家行业标准执行，不得漏项、不得降低标准，要认真分析总结试验报告，发现异常应积极处理。

案例 20　出线电缆击穿造成锅炉缺水事故

【简述】

2014 年 5 月 27 日，某厂出线电缆击穿接地，零序保护动作，发电机出口开关及出线对侧开关 F12 跳闸，柴油机至保安段开关 405 合不上，保安段电源中断 1 小时 47 分钟，最终导致锅炉缺水。设备经抢修后于 5 月 28 日 17∶30 恢复送电，#1 锅炉 6 月 1 日点火投入正常运行，6 月 3 日发电机并网，#2 锅炉 6 月 6 日并汽，全厂设备正常运行。

【事故经过】

2014 年 5 月 27 日 04∶22，某厂值长发现电气公用设备屏上“定子对称过负荷保护动作”光字牌闪亮，立即跑至电子间查看，闪亮消失后紧接着“10 kV 母线系统直流监视”“定子接地保护动作”“发电机出口 PT 接地”报警闪亮。随后发电机保护屏上所有光字牌全部闪亮，随即集控室照明全黑，电子间抽屉全部失电。

运行人员根据现象判断为厂用电中断，值长查看汽机转速为 2 878 r/min，立即在操作台上启动直流事故油泵进行故障停机。值长检查油压是正常的，检查发现汽机危急遮断器已弹出，自动主汽门关闭，值长手动将自动主汽门泄油阀打开。

运行人员紧急电话联系调度，调度回复：变电站侧 F12 开关因零序过压保护已跳闸。经多次试合 405 开关均不成功。运行人员联系调度申请给该厂恢复送电，调度回复故障点仍在，不能送电。于是该厂将侧 F12 开关断开转为检修状态，对出线电缆测量绝缘，三项电缆绝缘电阻值均为 0，将避雷器拆除后绝缘电阻值依然为 0，判断出现电缆故障。06∶10，403 开关与 405 开关调换位置后，用 403 开关合闸成功，由柴油机带保安段运行。

5 月 27 日，该厂联系深圳市某电气实业有限公司相关人员查找电缆故障点并进行维修。27 日 15∶00 左右，确定电缆故障点的位置为距盐田变电站约 290 m，盐田路与梧桐山大道交会处的一个电缆井内的电缆中间头炸裂，如图 1 所示。

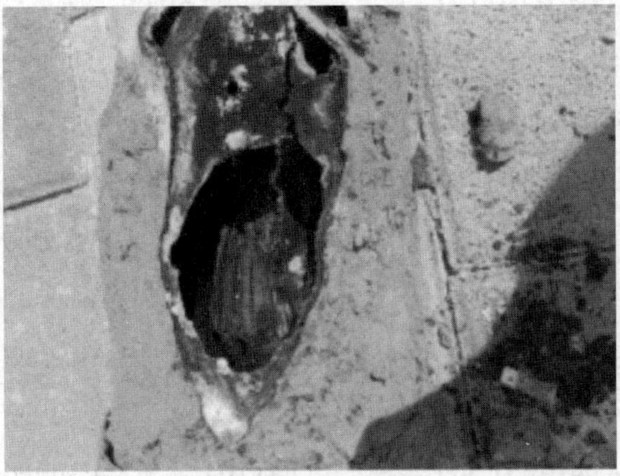

图 1　电缆中间头炸裂

该电缆于 5 月 28 日 13:30 被修复，电缆经直流耐压试验合格后于 17:30 恢复送电并投入运行。

【事故原因】

1. 出线电缆故障原因分析。

该厂 10 kV 出线 F12 电缆较长（5.29 km），电缆中间接头较多（13 个接头）。电缆型号为 YJV223 × 300 8.7/15 kV，并已投入运行 10 年。该厂曾在 2008 年 4 月 18 日发生过电缆头绝缘降低的事件，且故障电缆头在同一电缆沟中，电缆头重新制作后直流耐压试验合格（35 kV，5 min，三相泄漏电流为 18/16/16 μA），并重新投入运行。

电缆头制作工艺不规范、外力（踩踏、撞击）、运行环境（水浸、高温）等造成电缆头硅橡胶绝缘强度降低，导致水汽直接侵入，同时运行中大负荷电流促使电缆头发热，致使绝缘逐渐老化，最终破坏。

2. 发电机出口 501 开关跳闸导致厂用电中断的原因分析。

发电机保护装置保护动作记录如下：

#	DATE TIME	EVENT	CURR	FREQ	GRP	TARGETS
1	06/02/14 10:07:51.915	TRIP	1	50.00	1	EN LOP 27/59
2	05/30/14 13:17:36.915	TRIP	1	50.00	1	EN LOP 27/59
3	05/27/14 04:19:48.878	TRIP	1	36.83	1	EN LOP 27/59
4	05/27/14 04:16:59.173	ER	1	50.00	1	
5	05/27/14 04:16:57.569	TRIP	92	50.00	1	EN 27/59
6	05/27/14 04:16:54.437	TRIP	97	50.00	1	EN 27/59

发电机保护装置录得的保护装置动作逻辑顺序如下：

9	05/27/14 04:16:54.437	SV5T	Asserted
8	05/27/14 04:16:54.437	OUT104	Asserted
7	05/27/14 04:16:54.442	LT12	Asserted
6	05/27/14 04:16:57.569	SV6T	Asserted
5	05/27/14 04:16:57.569	OUT103	Asserted
4	05/27/14 04:16:57.569	IN101	Asserted
3	05/27/14 04:16:57.664	32P1	Asserted
2	05/27/14 04:16:59.168	32P1T	Asserted
1	05/27/14 04:16:59.173	LT8	Asserted

发电机保护装置动作解析如下：

04∶16∶54.437，零序电压保护动作报警，发电机电流为 97 A，频率为 50 Hz；

04∶16∶57.569，收到主气门关闭的信号（IN101）后保护装置立即动作跳闸（OUT103），发电机电流为 92 A，频率为 50 Hz；

04∶16∶59.173，发电机出口 501 开关跳闸（LT8），发电机电流为 1 A，频率为 50 Hz；

04∶19∶48.878，发电机电流为 1 A，频率为 36.83 Hz。

根据事故前发电机运行工况可知，发电机电流为 391.8 A，在零序电压保护动作报警时，发电机电流为 97 A，表明发电机已甩负荷。04∶19∶48.878，发电机电流为 1 A，频率为 36.83 Hz（对应汽机转速 2 210 r/min），表明发电机出口

501 开关跳闸，汽轮机主气门已关闭。

由于该厂 #1 发电机中性点采用避雷器接地，属于小电流接地系统，系统单相接地时，短时间内允许发电机继续运行，此时故障点的相电压降低，非故障相电压升高，但相间电压依然平衡，三相电流变化不大。发电机主保护（纵差保护）及后备保护（复合电压闭锁过流）不会动作，发电机零序电压保护启动声光报警信号，发电机出口 501 开关不会因保护动作跳闸。另外，该厂侧 F12 开关的速断保护（启动值为 17.92 A，延时 0.5 s 动作）、过流保护（5.92 A，延时 1.5 s 动作）、低频解列保护（47.5 Hz，延时 1.5 s），在此次单相接地故障下也不会动作跳 F12 开关；而 F12 开关零序电流保护（4 A，延时 0.7 s）也没有动作。通过以上分析，表明该厂继电保护装置动作正确。

结合汽机转速变化图 2，#1 测点为 3 315 r/min，#2 测点为 3 299 r/min。

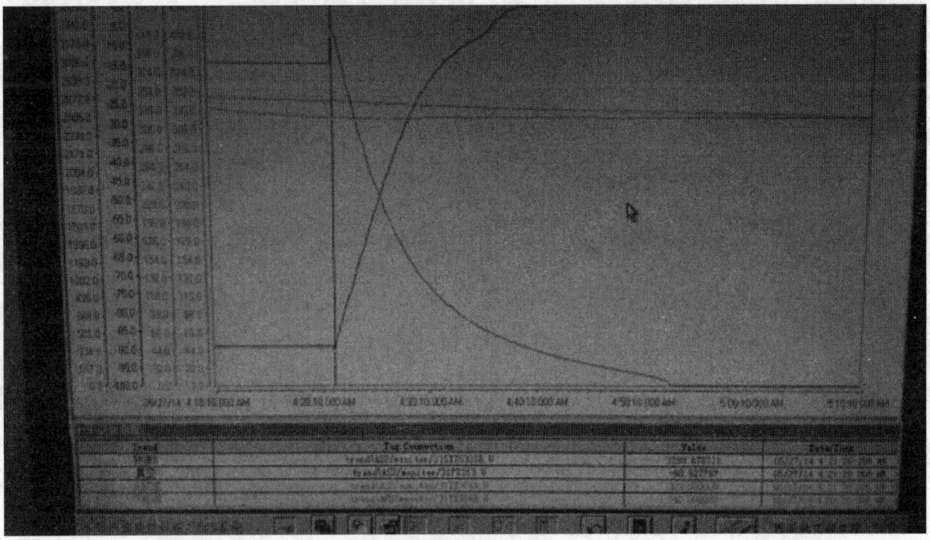

图 2 汽机转速

由于发电机保护装置与 DCS 系统时间不同步，记录时间有差异，但 DCS 记录汽机转速从 3 299 r/min 至 2 216 r/min，其与保护装置收到主气门关闭的信号至跳闸后频率下降一致，比较如表 1 所示。

表 1　发电机保护装置与 DCS 系统

时间	转速 /（r/min）	事件	时间	事件	频率
04 : 21 : 20.266	3 299	超速保护动作	04 : 16 : 57.569	收到主气门关闭信号	
04 : 24 : 10.266	2 216		04 : 19 : 48.878		36.83 Hz（对应转速 2 216 r/min）
两次事件时间相差 0 : 2 : 50.000			两次事件时间相差 0 : 2 : 51.309		

汽机超速时，发电机保护装置动作记录频率一直为 50 Hz，运行人员判断其为频率测量模块上限设定有误。

综合各项记录及分析，可以比较清晰地描绘出此次厂用电中断的过程为：该厂 F12 出线电缆 B 相绝缘损坏后，首先造成盐田变电站侧 F12 开关零序电压保护动作跳闸；之后该厂 #1 发电机负荷由 6 700 kW 骤降至约 1 200 kW 的厂用负荷。甩负荷过程中导致了汽轮机超速保护动作（动作值 3 270 r/min）关闭主汽门，发电机继电保护装置收到主汽门关闭的信号后，动作跳开发电机出口 501 开关（已多次发生类似甩负荷跳机事件），造成厂用电中断。

3. 405 开关不能正常合闸原因分析。

针对柴油机出口 405 开关无法合闸的问题，运行人员检查发现开关机械操作闭锁机构卡涩，机械合闸操作不成功。联系厂家人员到该厂对开关进行检查，厂家人员得出的初步结论为：开关内部的机械机构出现变形，导致开关底部的一个滑块无法自由活动，造成开关无法合闸；机械机构变形需要返厂在专业检测台上检查、修正。机械机构的变形可能由于开关活动较少、操作不当等原因引起。

【防范措施】

1. 委托专业公司对 10 kV 出线电缆进行定期检查、预试等工作，做好绝缘监督工作。

2. 继续定期对柴油发电机的启动、运行进行试验。加强人员现场技能培训。

3. 完善 10 kV 线路及发电机单相接地故障处理预案、保安段停电（以及其他重要设备停电）处理预案。

4. 目前 405 开关处于待维修状态，但已能正常分、合闸（厂家人员已将开关上卡涩的滑块复位，开关能分、合闸，但机械架构变形还未处理)。当外电网发生故障需要启动柴油机时，可以就地操作 405 开关。同时，检修人员及各运行人员均已演练当 405 开关发生故障时如何调换 403 开关使用的操作步骤，提高现场人员的应急处置能力。

可以在设备正常运行时进行 405 开关分、合闸实验的方法，以便及时发现开关故障，及时处理。备用一个同类型的 405 开关，以便紧急更换。

5. 定期校对保护装置、DCS 系统、SOE 系统等时间。

6. 加强与深测电网、电厂设计院等相关主管单位的沟通，核算出线保护配置、定值以及与电网连接薄弱安全可靠性差等问题。

案例 21　锅炉变高压侧 A 相电缆接线柱接地事故

【简述】

某厂 #1 锅炉变柜内一个未固定牢固的测温线掉落在变压器高压侧的 A 相接线柱上，测温线外皮老化及变压器的高温将外皮融化导致 A 相通过该测温线接地。

【事故经过】

2016 年 7 月 20 日 19∶55，某厂 DCS 电气系统画面报警显示“10 kVA 断路器消谐装置动作”；电气 DCS 监视画面显示“10 kV Ⅰ 段母线线电压 U_{ab} 0.4 kV、U_{bc} 17.2 kV、U_{ca} 17.2 kV”；#1 发电机功率因素保持 1 不变，无功有变化，#1 发电机零序电压上升至 41.1 V。

10 kV Ⅰ 段母线 51PT 柜上消谐装置（KSX196-HA）报接地报警，报文为 $U_{50\ Hz}$=86 V；同时运行人员发现 10 kV Ⅰ段上所有开关柜带电指示装置 A 相指示灯灭。

该厂电气系统根据接线特点和运行方式，采用“试拉法”排除故障，由于低压侧母线可以通过倒闸至备用电源供电，计划依次对 10 kV Ⅰ 段变压器进行隔离，逐一排除故障点。

20∶38，将 #2 锅炉段及保安段转由备用段供电，#2 锅炉变停电，10 kV Ⅰ 段接地报警仍在，10 kV Ⅰ 段母线电压依旧异常。

20∶41，将 #1 锅炉段及保安段转由备用段供电，#1 锅炉变停电，10 kV Ⅰ 段接地报警消除，10 kV Ⅰ 段母线电压恢复正常。

运行人员初步判断 #1 锅炉变高压侧存在异常，于是办理 #1 锅炉变检修工作票。运行人员执行完相关安全措施之后，对 #1 锅炉变及高压侧相关系统进行检查。在对 #1 锅炉变进行检查时发现，有一根测温线搭在了 #1 锅炉变高压侧 A

相接线柱上，接触部分已烧黑（图 1）。

图 1 测温线搭在 A 相接线柱上

检修人员现场采取措施将该测温线烧黑处进行绝缘包扎，并把测温线牢固在变压器箱罩上（图 2）；对测温线与 #1 锅炉变 A 接线柱接触处进行擦拭清理。

图 2 测温线固定

检查处理结束后，通知当班运行人员对 #1 锅炉变绝缘进行检查，检查后绝缘良好，按票恢复相关安全措施。23∶12，该厂恢复 #1 锅炉变的正常运行。

【事故原因】

1. 10 kVⅠ段母线微机消谐装置接地告警，DCS 报“10 kV A 断路器消谐装置动作”。

消谐装置可实时监测并显示 PT 开口三角电压 17 Hz、25 Hz、50 Hz、150 Hz 四种频率的电压分量。正常运行时，电压互感器开口三角的电压（$3U_0$）理论上是 0，在实际中一般也不超过 10 V。系统发生单相接地故障时，该装置接地判据为基波电压≥30 V，而当时 $U_{50\ Hz}$=86 V，即基波电压超过 30 V，装置判断其为接地故障，故发出接地告警。

2. 10 kVⅠ段上所有开关柜带电指示装置 A 相指示灯灭。

高压开关柜带电显示装置通过抽压电容芯棒，从高压带电回路中抽取一定的电压作为显示和闭锁的电源，用于反映装置设置处的带电状态。原理示意图如图 3 所示。

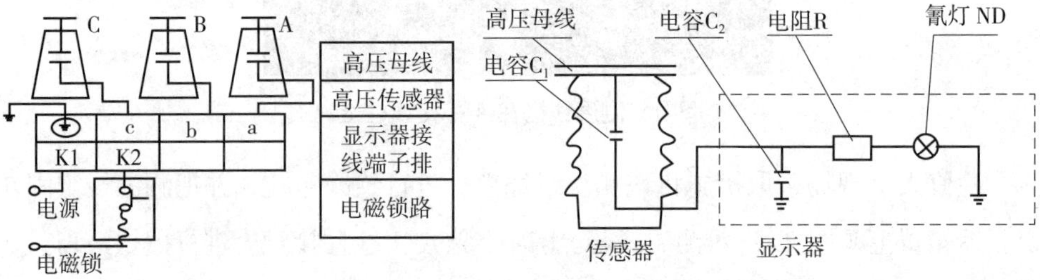

图 3　高压开关柜带电显示装置原理示意图

由图 3 可以看出，高压带电传感器带电指示灯回路是独立的，当发生单相接地故障或某两相失压等情况时，带电指示灯独立显示实际情况，故该指示灯状态符合现场故障现象。

3. 10 kVⅠ段母线线电压为 U_{ab}：0.4 kV、U_{bc}：17.2 kV、U_{ca}：17.2 kV。

首先，判断 10 kVⅠ段 A 相发生了接地。该厂 10 kV 系统为中性点不接地系统，发生 A 相接地后，理论值 U_{ab}：10.5 kV、U_{bc}：10.5 kV、U_{ca}：10.5 kV，U_{a_0}：0、U_{b_0}：10.5 kV、U_{c_0}：10.5 kV。而 DCS 画面显示 U_{ab}：0.4 kV、U_{bc}：17.2 kV、U_{ca}：17.5 kV。原因为 DCS 显示的线电压是通过 4～20mA 信号转换而得，4～20 mA 信号对应 0～20.78 kV。电压变送器的输出只是对相电压进行了 4～20 mA 的模拟量输出，而 DCS 通过该模拟量可以调整对应的比例关系实现线电压正常值的显示。而当发生单相接地故障时，线电压的变化比例并不与同相电压变化一致，这就导致 DCS 无法通过正常转换而显示实际的线电压。

此时由于 U_B、U_C 相电压提高了 3 倍，U_A 相电压为 0，故 DCS 显示的线电压为 U_{ab}：0.4 kV、U_{bc}：17.2 kV、U_{ca}：17.5 kV。同时确定在发生故障时，DCS 不能正常显示线电压变化情况。

4. #1 发电机功率因数保持 1 不变，无功有变化，#1 发电机零序电压上升至 41.1 V。

该厂采用的发电机保护装置型号为 RCS-985R，在该装置定子接地保护功能设置中，仅仅设置了零序电流保护告警功能，故当零序电压达到 41.1 V 时，#1 发电机保护装置并未发出相关告警，同时说明当时故障时的零序电流并未达到报警值。

该厂功率因素显示值通过“相位角变送器”产生，由于故障电压相位的改变，相位角变送器输出不再是发电机实际功率。

事故原因总结为此次 #1 锅炉变高压侧 A 相电缆接线柱接地事故由变压器柜内一个未固定牢固的测温线掉落引起，此测温线本应穿于变压器外壳上部的沟槽内，并用金属卡片固定防止掉落。而 #1 锅炉变的该测温线并未从卡片下方穿过，卡片失去固定作用，此测温线依靠自身弯曲时的张力立于变压器柜内，在运行过程中可能由于外部振动而掉落于变压器高压侧的 A 相接线柱上，加上此测温线外皮老化严重，变压器的高温将其外皮熔化后导致 A 相通过该测温线接地。

【防范措施】

1. 对 DCS 画面电气报警光子牌报警内容进行全面梳理，取消因为 110 kV 系统变更而不用的报警光字牌，修订光字牌的报警内容。确保运行当班人员查看电气报警画面时能一目了然，明确报警内容。

2. 将检查配电盘柜内裸露的控制线电缆、盘柜内电缆固定扎带作为检修计划中的重要内容，将老化的电缆扎带进行更换并对电缆进行有效固定，对裸露的电缆头分相分根进行绝缘包扎并固定在合理位置。

3. 对盘柜内的线路进行检查，对“来路不明”的电缆进行核查，结合图纸做好标记。

4. 根据 10 kV 电压传输和显示方式进行技术研究，在一期电子间变送器屏新增加采集线电压变送器，直接读取线电压，将线电压直接转换成 4～20 mA 的模拟量，送到 DCS 卡件。确保正常或者故障时 DCS 画面均能正常反馈相电压和线电压。

案例 22　发电机出口 PTC 相一次熔断器熔断事故

【事故经过】

2017 年 11 月 9 日 04：30：45.764，某厂 DCS 报“#2 发电机保护装置异常”“#2 发电机后备保护 PT 断线”“#2 发电机后备保护断线”“#2AVR PT 断线”四个报警，ECS 系统显示 #2 发电机组线电压 U_{bc} 和 U_{ca} 由 10.2 kV 降为 5.9 kV，DCS 电气主画面显示 #2 发电机有功功率由 10.7 MW 降至 6.98 MW，零序电压由 0.3 V 升至 14 V，#2 发电保护装置显示“机端 TV 断线”，运行人员就地检查 #2 励磁调节柜，其显示“仪变断线”“系统无压”。

运行人员根据故障现象，初步判断故障原因为 #2 发电机保护、仪表 PT（55PT）一次熔断器熔断，测量 PT 二次侧空气开关发现 C 相电压为 0，因此决定将 55PT 转检修，办理 55PT 由运行转检修工作票。为防止拉出 PT 后保护装置误动，在 #2 发电机保护屏上退出 #2 发电机“复合电压闭锁过流保护”，将该保护出口压板断开。断开 55PT 二次侧空开，检查 #2 发电机运行状态无其他异常情况，严密监视 #2 发电机各项参数。将 55PT 拉至柜外，取下一次熔断器测量确定 C 相熔断器熔断。判断故障原因为熔断器使用时间较长、正常老化，将三相熔断器全部更换，2017 年 11 月 9 日 06：17：26.821 运行人员将 55PT 由检修转运行，DCS 报警复位后消失，各参数恢复正常，故障排除，投入 #2 发电机复合电压闭锁过流保护，#2 发电机恢复正常运行。

【事故原因】

1. DCS 报“#2 发电机保护装置异常”“#2 发电机后备保护 PT 断线”“#2 发电机后备保护断线”“#2AVR PT 断线”四个报警。

55PT 为 #2 发电机的保护、仪表 PT，其采集的电压量用作发电机的保护及电能测量，并引入励磁调节器。该厂使用的发电机保护装置为南京某电气有限公司生产的RCS-985S/R型保护装置，具有PT断线检测功能，当其检测到55PT C相熔断器熔断后发出PT断线告警，该电压量用作#2发电机的复合电压闭锁过流保护，为发电机后备保护，所以DCS报“#2发电机保护装置异常”“#2发电机后备保护PT断线”及“#2发电机后备保护断线”。该厂使用的励磁调节器为武汉某技术有限公司生产的TDWLT-01型微机励磁调节器，由该装置原理图（图1）可知，该励磁调节器会检测保护、仪表PT（55PT）、励磁PT（56PT）及10 kVⅡ母线PT（52PT）电压，任何一个PT断线该装置均会发出“PT断线”告警，即DCS显示的“#2AVR PT断线”告警。

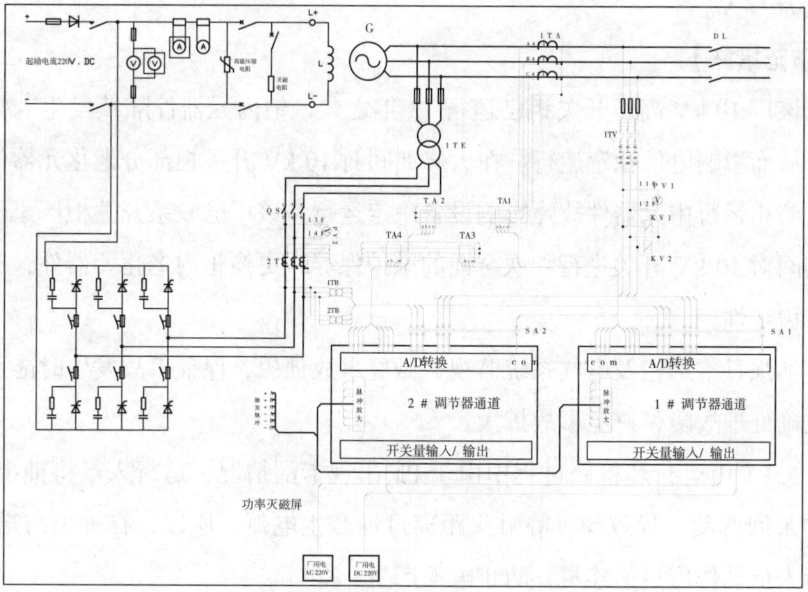

图1　TDWLT-01型微机励磁调节器原理图

2. ECS系统显示#2发电机组线电压 U_{bc} 和 U_{ca} 由10.2 kV降为5.9 kV。

该厂10 kV系统为不接地系统，55PT接线方式为YY接线。当一次熔断器C相熔断后，该相相电压显示为零，与C相有关的线电压 U_{bc} 和 U_{ca} 显示为相电压，即为5.9 kV。

3. DCS电气主画面显示#2发电机有功功率由10.7 MW降至6.98 MW，零序电压由0.3 V升至14 V。

DCS 系统显示的有功功率是由功率变送器采集 #2 发电机定子电压电流计算得到的。电压量取至 55PT 时，该 PT 的 C 相熔断器熔断后导致功率变送器采集到的 C 相电压为 0，计算出的有功功率相应降低，所以 DCS 显示 #2 发电机有功功率由 10.7 MW 降至 6.98 MW。#2 发电机定子电流无明显降低，可知 #2 发电机实际有功功率仍为 10 MW 左右。

#2 发电机零序电压是由 55PT 开口三角绕组测量后经变送器转换后得到的。正常运行时三相电压相差角互为 120°，向量和为 0，电压互感器开口三角电压是 0，当系统发生接地故障或一次熔断器熔断时，由于高压侧缺少一相电压，电压互感器输入电压不平衡，在二次开口三角就有零序电压输出，所以 DCS 显示零序电压为 14 V。

【防范措施】

1. 该厂 10 kV 高压开关柜已运行 13 年之久，柜内元器件陆续发生老化故障现象，从而影响电厂稳定运行。在大修期间对 10 kV 开关柜部分老化元器件进行更换，防止运行中元器件故障影响设备稳定运行。该厂已联系开关柜厂家于年底大修期间对 10 kV 开关进行一次全面的维护保养，更换柜内老化元器件，提高机组运行稳定性。

2. 加强日常巡检及电气系统监视，做好事故预想，保证事故发生时能及时快速地正确处理故障，避免事故扩大。

3. 55PT 由运行转检修过程中由于 PT 出现卡涩情况，运行人员将抽出的 PT 在柜内来回挪动，导致动、静触头距离过近产生电弧。所以，在抽出与送入 PT 时运行人员动作应迅速连贯，防止电弧产生。

案例 23　#2 主变低压侧隔离手车过热事件

【简述】

2019 年 8 月 19 日，某厂电气巡检人员发现该厂 #3 发电机母线室内有一股臭胶味，于是通知电气专工共同到达现场用热成像仪对所有开关柜逐一检查。检查发现 #2 主变低压侧隔离手车 7030 柜体温度偏高。打开前柜门测得其最高温度为 90.6℃，最高温度处于隔离手车 A 相触头一侧，如图 1 所示。而 #4 发电机母线室 7040 隔离手车温度只有 56.3℃，且温度均匀分布，如图 2 所示。7030 和 7040 隔离手车运行电流接近，且三相电流均平衡，因此巡检人员判断室内臭胶味是由 7030 隔离手车 A 相触头异常过热导致的。

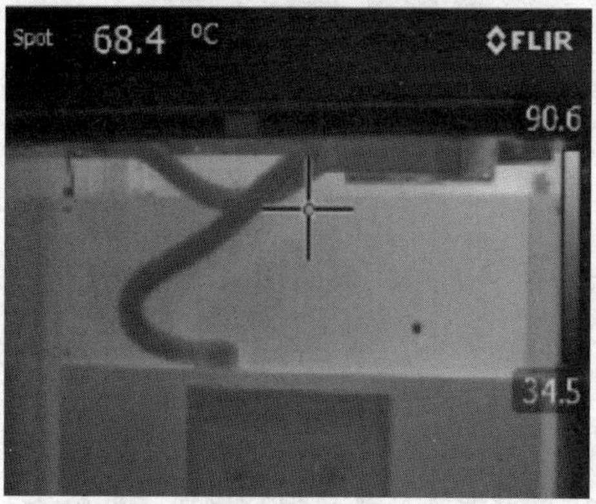

图 1　#2 主变低压侧隔离手车 7030 柜

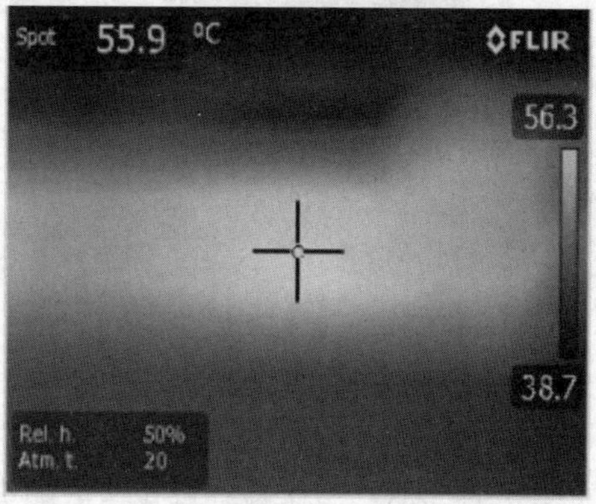

图 2　#4 发电机母线室 7040 隔离手车

7030 隔离手车于 2014 年由投产时用的隔离手车更换成常闭合的断路器，该断路器型号为来福士 RAV1-124000A，更换目的是使隔离手车具有短路电流灭弧能力，提高设备可靠性，替换掉的隔离手车置于就地作为备用。

【事故经过】

使用热成像仪所测得的最高温度并非是隔离手车触头的温度，而是热量映射到附件可测量范围内的温度，因此时间触头温度会更高。运行人员初步判断为#2主变低压侧隔离手车7030动触头松动导致温度过热，而与之接触的绝缘材料被其熔化，产生臭胶味。运行人员将情况汇报领导后，申请停电将7030隔离手车转检修处理。

2019年8月20日10∶50，开始解列#3发电机，执行10 kVⅠ段厂用电快切，停运#2主变。13∶10运行人员执行完工作票安措，将7030隔离手车拉至检修位置。

如图3和图4所示，7030隔离手车A相已发生严重过热损坏，触头弹簧被烧黑变形，绝缘材料被烧焦鼓起，真空泡外壳断裂，静触头烧黑，静触头测温环已过半发生熔化。其余五个动、静触头皆无损坏，母排连接处完好，需更换备用断路器。

图3　隔离手车A相外壳

图4　隔离手车A相触头弹簧

处理步骤：（1）检查母排与静触头连接螺栓有无松动，清扫母排及静触头、触壁表面积灰，将A相静触头已熔化的测温环拆卸。（2）将所有静触头拆下送至厂家指定加工厂重新镀银，镀银厚度为8 μm。（3）由于备用断路器已有5年未使用，将备用断路器清理干净后对其进行相关预防性试验测试，试验合格后检查二次插头是否正常。（4）静触头重新镀银后将其回装，将隔离手车摇至工作位测试智能操控装置显示正常，二次回路正常。（5）整体检查开关柜正常，检修结束后通知运行开始恢复送电。

2019 年 8 月 20 日 9：30，运行开始执行主变送电、10 kV Ⅰ段厂用电快切、#3 发电机启动并网的相关操作票，2019 年 8 月 21 日 02∶30 成功并网。

并网后每隔 2 h 对开关柜进线定时测温，#3 发电机接近满负荷运行一天后温度为 53℃，在正常范围内，后续要继续监测温度。

【事故原因】

1. 此次断路器触头过热的原因是动、静触头之间的契合度不足。2014 年该厂 #3 主变隔离手车 7040 曾发生短路故障，事故后使用常合闸状态的断路器代替隔离手车，来提高灭弧能力和短路分断能力。由于更换后的断路器触头与原静触头并非是配套生产的，可能存在动、静触头之间的契合度不足的情况，故而导致温度较正常偏高。

2. 断路器原触头弹簧偏细，可承受的拉应力不足。当温度升高时弹簧容易拉伸变形，触头连片松动会导致其与静触头接触不紧密，使接触电阻变大，导致触头温度进一步升高，如此进入一个恶性循环的状态。

【防范措施】

1. 组织巡检人员学习事故分析文件，进一步提升巡检质量，汲取经验，提高发现隐患和分析隐患的能力。

2. 更换损坏的断路器，并配套更换开关静触头。

3. 与断路器厂家提出原触头弹簧质量差的问题，加强检查新断路器触头弹簧质量问题，并配套一定数量触头作为备样。

4. 在断路器触电附件安装测温元件，可在柜体表面或远程直接查看触头温度。

案例 24　给水泵电机及变频器运行异常事件

【简述】

2018 年 10 月 16 日 18∶15，某厂为配合 #4 给水泵安装调试，#3 给水泵恢复由 #3 给水泵变频器控制，18∶43 将 #3 给水泵并入给水系统运行，并逐步停止 #1 给水泵运行（19∶00 退出运行）。

【事故经过】

2018 年 10 月 4 日，某厂 #3 给水泵正常运行时，变频器发出"Earth Fault"报警，且无法消除，运行人员立即安排电气检修人员检查 #3 给水泵电源电缆、电动机，均无异常，因此初步确定为 #3 变频器主接口板、电流互感器运行异常导致变频器误报警。为确保给水泵正常备用，运行人员将 #3 给水泵接到 #4 给水泵变频器（#4 给水泵未安装）运行。

2018 年 10 月 10 日，变频器厂家技术人员到厂，对 #3 给水泵变频器主接口板进行检测，确认原因为其中 DC 5 V 电压异常，且 U 相电流互感器损坏。更换主接口板、电流互感器后，临时接入 90 kW 电机运行，三相输出电流平衡，未发出"Earth Fault"报警。设备稳定运行 2 h 后，恢复 #3 给水泵变频器冷备用状态。

2018 年 10 月 16 日，为配合 #4 给水泵安装，运行人员将 #3 给水泵接入 #3 给水泵变频器运行，14∶00 将 #3 给水泵切换至 #1 给水泵运行（此时 #1、#2 给水泵运行）；16∶00，#3 给水泵动力、控制接线恢复完毕并进行电机空载运行，当时电机三相电流平衡，运行人员停止 #3 给水泵电机运行后安排汽机检修人员恢复联轴器。

2018 年 10 月 16 日 18∶15，#3 给水泵恢复由 #3 给水泵变频器控制，18∶43 将 #3 给水泵并入给水系统运行，并逐步停止 #1 给水泵运行（19∶00 退出运行），此时该厂两炉一机正常运行。19：07，汽机检修人员发现 #3 给水泵接线盒轻微冒烟并伴有焦煳味，立即通知运行人员启动 #1 给水泵运行，停止 #3 给水泵运行。

2018 年 10 月 16 日 19∶13，给水泵切换完毕，电气班检修人员打开 #3 给水泵电机接线盒检查，最终确认接线盒冒烟原因为电源电缆接线恢复时，电机定子 B 相引出线与 V1 接线柱紧固螺栓未完全紧固，导致发热烧坏 B 相电缆绝缘层外热缩套管。确认原因后，检修人员将接线盒内所有接线拆除，测量电机直流电阻正常，电机定子相间、相对地绝缘合格后，对 B 相电缆进行热缩处理并恢复电机接线。

2018 年 10 月 16 日 19∶47，#3 给水泵检修工作进行中，#1 给水泵跳闸，导致两炉因汽包水位低，引发锅炉保护 MFT 动作，给机组安全运行造成一定的影响。变频器面板显示“INVOVERTEMP（4290）”报警，即变流器模块温度过高且无法消除。运行人员检查变频器冷却风扇、变频器隔间空调均运行正常，初步确认为变频器控制板异常导致。

2018 年 10 月 16 日 20∶28，#3 给水泵接线恢复，检查确认电缆终端头固定螺栓紧固、电机参数均正常后，恢复 #3 给水泵运行，并泵后逐步恢复 #1、#2 炉正常运行；确认 #1 给水泵变频器无法正常运行后，安排电气、热工检修人员将 #4 给水泵变频器动力电缆、控制电缆接入 #1 给水泵电机及控制回路内。

2016 年 10 月 17 日 01∶00，完成 #1 给水泵动力电源、控制电缆接入 #4 给水泵变频器的工作，完成变频器电机识别，完成电机空载远方启动、停止、转速给定操作，电流反馈、转速反馈均正常。01∶53，恢复 #1 给水泵联轴器，运行人员启动 #1 给水泵带负荷运行，观察运行 1 h 无异常后，将 #1 给水泵切换至热备用状态。

【事故原因】

1. 事件（事故）直接原因。

（1）#3 给水泵在恢复接线时，因电机定子引出线与接线柱固定螺栓未完全紧固，导致电机 B 相电缆绝缘层外热缩套管烧坏，即本次事件直接原因属人为事件。

（2）#1 给水泵变频器跳闸，属设备故障。

2. 事件（事故）间接原因。

（1）#3 给水泵在恢复接线时，检修人员未按相关规范进行操作，电气专业人员未按作业指导书进行全面检查验收，工作中存在疏忽。

（2）#1 给水泵变频器跳闸，虽属设备故障，但由于电气专业人员未充分进行设备寿命管理，未掌握设备更换周期规律，其属事件间接原因。

【防范措施】

1. 加强检修人员培训，提高检修人员素质和技能水平。

2. 电气专业人员应加强学习，提高技能水平和责任心，严格按照检修作业指导书等规范开展相关工作。

3. 采购给水泵变频器，更换已到达使用周期的 #3 给水泵变频器，保证电厂给水系统安全稳定运行。

4. 建立完善的电气设备台账，做好设备寿命管理；做好全厂变频器年度检修及整体升级改造计划，确保变频器安全稳定运行。

案例 25　UPS 负载端窜电导致 UPS 停运事件

【简述】

2018 年 6 月 14 日，某厂进行 F22 出线开关切 F21 出线开关运行倒闸操作，直流系统由该市电供电切换为由蓄电池供电，UPS 系统由正常运行模式转为蓄电池运行模式，DCS 系统由双电源（市电和 UPS）供电切换为 UPS 供电。由于 UPS 供电的布袋 PLC 负载端串入市电，导致 UPS 逆变器关闭，SIGMA 及 DCS 系统等失电。

【事故经过】

按照《某电厂两回 10 kV 线路（F21、F22）倒闸操作方案》，运行当班一值执行如下操作：

1. 2018 年 6 月 14 日 09∶32，运行人员将直流系统手动切换至蓄电池供电。断开直流充电屏处 #1 充电屏直流输出开关，确认直流系统处于蓄电池放电状态，就地蓄电池无异常；将 UPS 系统手动切换至蓄电池运行（切换前确认 DCS 系统等双电源供电设备两路电源均正常合闸）：手动断开 UPS 系统主机柜与旁路柜处主路电源开关和旁路电源开关，确认 UPS 系统处于蓄电池运行状态，UPS 输出电压正常、各负载运行正常。DCS 系统切至 UPS 供电：检查 DCS 电源柜内 UPS 电源正常，断开 DCS 电源柜内 400 V 工作Ⅰ段电源开关。

2. 2018 年 6 月 14 日 09∶35，启动直流事故油泵运行，打开集控室、电子间事故照明；停止盘车运行。

3. 2018 年 6 月 14 日 09∶38，投入 #2 炉干法系统运行；执行 #2 炉压火、封炉操作。

4. 2018 年 6 月 14 日 09∶40，检查并停止 400 V 工作Ⅰ段主要设备（系统）运行，两台炉引风机转速降至 300 r/min。

5. 2018 年 6 月 14 日 09：54，DCS 系统断开 F22 开关，DCS 系统合上 F21 开关后（F23 开关仍未合闸），操作员站电脑失电，焚烧炉 SIMGA 失电，UPS 负载失电。

6. 2018 年 6 月 14 日 10：00，DCS 系统失电后，运行人员立即将 DCS 系统 400 V 工作Ⅰ段 DCS 电源合闸，恢复 DCS 系统供电。但由于操作员站所有电源均为 UPS 电源，导致当 UPS 发生故障时操作员站仍无法操作。同时该厂 DCS 系统采用 CP60 控制器，不具备自启动功能，因此当 DCS 系统失电恢复过程中，所需恢复时间较久。

7. 2018 年 6 月 14 日 10：02，运行人员立即就地检查各厂重要辅机设备（如给水泵、循环水泵、工业水泵、凝结水泵、空压机，水环式真空泵等）运行状态，发现空压机、工业水泵均已跳闸，立即对其就地启动。同时该厂安排运行人员手动关闭 #2 炉主蒸汽手动门，并对 #2 炉进行叫水，发现可见水位为 -215 mm。根据过热器压力适当关小向空排气电动门并安排运行人员手动调整补水量，维持水位上涨至正常水位。安排专人密切关注除氧器、备用凝汽器水位。

8. 2018 年 6 月 14 日 10：05，经运行人员和电气工程师就地检查确认为 UPS 逆变器发生故障。复位报警后，重启不成功。立刻断开 UPS 主交流输入电源和直流输入电源，断开 UPS 负载空气开关，并待 UPS 系统直流电容电压下降后（5 ～ 8 min），重启 UPS 成功，逐步恢复 UPS 各负载运行。

【事故原因】

经过电气专业工程师和 UPS 系统厂家检查，发现断开布袋 PLC 负载 UPS 电源后，仍存在较高电压。就地检查后发现，布袋 PLC 负载端串入市电，当布袋 PLC 负载接入 UPS 时，就出现了 UPS 输出电压和市电电压并联情况，这种情况下可等效为一个电压源和一个等效电阻串联。等效电压源为 UPS 输出电压和市电电压的电压差，内阻为 UPS 内阻和变压器内阻之和，由于 UPS 逆变器内为 IGBT 元件，内阻很小，当两个电压相位不一致时，导致电压差很大，当相位差为 180° 时，ΔU 电压差为两个电压源电压标量之和。

F22 出线开关合闸时，由于 UPS 电源和市电刚好存在电压相位、电压差值小，所以 UPS 电源与市电电源并联运行，即相当于等效电压源电压很小，其未达到使逆变器过流的条件，UPS 正常运行。

当 F22 开关断开后，布袋 PLC 电源中存在的市电失去，合 F21 开关合闸时，布袋 PLC 电源中市电电源再次送上，这时 UPS 电源和市电电压相位、电压差值较大，其达到使逆变器过流的条件，即等效电压源电压很大。因此，逆变器的输出端电流传感器检测到过流，且故障没有在 200 ms 内被消除，导致 UPS 逆变器关闭。

F21 合闸后，UPS 面板报逆变器发生故障，由于 10 kVⅡ段母线进线开关 F23 未合闸，UPS 旁路电源（常用）在备用段，即旁路电源无电压。逆变器发生故障之后无法切换至静态旁路，导致 UPS 负载失电、SIGMA 系统供电丢失、DCS 系统 UPS 供电丢失、DCS 系统整体跳闸。

1. 事件直接原因。

对布袋 PLC 进行 UPS 电源改造时，相关专业工程师现场交底不清楚，检修人员对原布袋控制柜内的负载检查不清楚、相关隔离措施不彻底，导致布袋控制柜内中的市电窜入 UPS 回路中。当 UPS 在失去主交流电源和旁路电源，并由直流电源供电情况下，逆变器由于负载端窜入较高市电电压，导致倒闸过程中逆变器过流保护动作，UPS 逆变器停止输出，UPS 负载失电。

2. 事件间接原因。

（1）布袋控制系统经过多次改造（取消旁路烟道、气密风机、热风循环风机等，取消就地 UPS 电源），就地动力和控制回路电缆已拆除，但控制柜内控制电缆至端子排接线没有完全拆除，现场接线不规范。

（2）布袋就地控制柜腐蚀严重，内部电缆、端子老化严重。

（3）在 400 V 备用段停运的情况下，UPS 会失去旁路电源，可靠性较差。

（4）集控室所有操作员站均接入一路 UPS 电源，这不符合相关要求。

【防范措施】

1. 将 #1 布袋 PLC UPS 电源、#2PLC UPS 电源拆除，改回原始电路供电。对 UPS 负载逐个检查，确认 UPS 负载已没有外供电线路串入。

2. 在 400 V 公用段 10BHA04 柜增加一个 UPS 旁路电源开关，提高 UPS 旁路电源的供电可靠性。

3. 严格按照《防止电力生产事故的二十五项重点要求》，操作员站如无双路电源切换装置，则必须将两路供电电源分别连接于不同的操作员站。已将DCS系统不同的操作员站分别由市电或UPS供电，提高系统的可靠性。

4. DCS系统失电后整体启动恢复时间较长，CP60控制器也早已停产多年，后续应考虑进行相关DCS系统CP控制器升级改造，缩短DCS系统自恢复时间。

5. 热工专业应加强现场异动管理，禁止私自更改动力及控制回路接线。如需更改现场接线方式，必须提交设备异动申请，由相关专业共同进行审核。

6. 结合电厂检修计划对布袋控制系统按照系统图进行接线排查梳理。布袋控制系统进行相关升级改造工作。

7. 设备改造时，相关专业工程师应加强对检修人员的技术交底及现场监护，加大对检修人员的培训。

案例 26　空压机动力箱抽屉开关起火事件

【简述】

2018 年 4 月 17 日 19∶55，某电厂高低压配电室 400 V 工作Ⅰ段 AA11 柜空压机动力箱开关 1 起火跳闸，经过紧急处理后，设备恢复正常运行。

【事故经过】

2018 年 4 月 17 日 19∶55，某厂当班运行值（四值）在集控室通过摄像头监控画面发现高低压配电室 400 V 工作Ⅰ段 AA11 柜冒出火花，随后发现压缩空气压力迅速下降。当班值长迅速安排值班员前往 400 V 配电室查看情况，发现 400 V 工作Ⅰ段 AA11 柜正在往外冒浓烟，值班员迅速打开 400 V 工作Ⅰ段 AA11 柜背门，并使用配电室内设置的电气火灾专用灭火器进行灭火，灭火成功后，值班员检查发现空压机动力箱开关 1 内部已烧毁，随后与检修人员一起将空压机动力箱电源转移至空压机动力箱开关 2，恢复空压机动力箱电源正常运行。

【事故原因】

1. 电气元器件老化。

该厂高低压配电室是 2002 年建设的，2003 年投产，运行至今已经有 15 年，空压机动力箱开关 1 内元器件均未进行过更换。电气元器件的老化会受多种因素影响，不同的工况和环境均会影响电气元器件的使用寿命。电气元器件一般情况是使用超过 10 年后就要考虑逐步进行更换。

2. 空压机动力箱负荷大。

该厂自从 2017 年 4 月开始，压缩空气用气量出现明显上涨，空压机负载增大，空压机动力箱负载电流从原来的 200 A 上升至 300 A，电流增大，电缆发热增多，电缆发热又进一步加剧了电气元器件的老化速率。

3. 电缆受损。

该厂空压机动力箱开关 1 进线采用 3 组（3 × 70）mm^2 规格电缆，该电缆分为两层布置，其中上层布置 2 组电缆，下层布置 1 组电缆。该抽屉开关由于塑壳断路器体积和电缆截面较大，电缆布置空间狭小，下层 B 相电缆头长期处于弯曲受力状态，因此判断该电缆在起火应该已经有断股受损现象（图 1）。

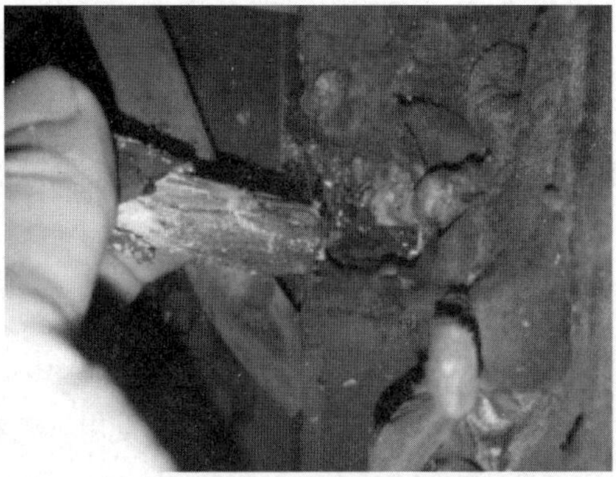

图 1　电缆断裂处

通过查找该电缆的参数发现，该电缆为 JBQ 电缆（引接线电缆），其绝缘护套不是阻燃材料，温度达到燃点时会燃烧。通过观察着火点及抽屉开关插件的熔化情况（图 2、图 3），判断此次着火点为下层 B 相电缆，下层 A、C 相电缆均无明显焚烧痕迹，上层插件应该时下层 B 相电缆燃烧时产生高温熔化所致。

图 2　下层 B 相电缆着火点

图3 抽屉开关插件熔化情况

通过以上分析，本次开关起火主要原因为空压机动力箱开关1下层B相电缆由于断股受损，截面变小，发热明显增加，所以引起该电缆绝缘加速老化，同时该老化过程不可逆，在持续的大电流负载运行下，最终导致了绝缘损坏。该电缆与框架或者其他导电部分短路产生电弧，引燃了电缆，同时导致该塑壳断路器跳闸。

【防范措施】

1. 加强设备巡检并定期使用红外热成像仪对全厂电气设备进行扫描，提前发现隐患。尤其是电缆接头、重要设备、使用年限长老化严重及其他容易发热的部件进行重点监视。

2. 合理分配负荷。由于该厂近年新增设备较多，400 V工作Ⅰ、Ⅱ段新增负载较多，目前部分间隔存在负载过重的现象，考虑根据现场实际情况合理分配负载，尤其是目前400 V Ⅲ段（#3厂变）负载率较低，配电间隔较宽裕，同时该配电段为2017年新投入设备，设备相对以往可靠性较高。

3. 空压机动力箱为双电源供电，但是由于双电源自动切换装置故障已有多年，导致此次事件中空压机动力箱电源不能进行自动切换，最终通过手动切换的方式将电源切换。空压机动力箱在建厂时投运，目前该动力箱内主要元器件均已经换型，元器件尺寸变化较大，采购备件更换难以实现，只能通过整体改造来恢复功能。

目前该厂其他重要负载均具备双电源自动切换装置，并在此前刚做完的电控箱技改，基本在短期内不会出现此类问题。

4. 该厂原水泵房动力箱和消防水泵动力箱均为独立的双电源供电，但是该厂提标改造增加厂房电梯时对该厂原水泵房动力箱、消防水泵动力箱电缆进行了截断改道工作。目前这两个动力箱的备用电源均已受损，不具备通电功能，因此这两个动力箱目前都是单电源运行。这两条电缆都被截断过，发生故障的风险较高，一旦出现故障将导致厂区生产生活用水或者消防水无法供给。

不过原水泵房目前仍然有 4 条相同的动力电缆能够进行供电，包括原水泵房主电源、消防水泵主电源、消防喷淋泵主电源、消防喷淋泵备电源。一旦任何一条电缆故障无法供电，可通过其他电缆进行临时转接，避免长时间停水。同时应考虑在污水改造项目中就近取电，也可以与工程方进行沟通，分别给原水泵房动力箱、消防水泵动力箱增加两路备用电源。但是由于涉及预算增加问题，目前污水改造施工方配合不积极。后期仍需跟进和协调。

5. 本次起火事件中，配电室出现非常明显的浓烟，但是该厂的火灾报警装置并未发出报警，如果不是因为集控室监控摄像刚好有配电室位置的画面，将会延误火灾扑灭的事件，造成更严重的后果。目前该厂虽在全厂主要区域都安装了摄像头，但是固定显示在集控室监控墙上的只有少数，因此说明火灾报警装置的可靠性还是非常重要的。

6. 该厂投产至今已运行 15 年，大部分电气元器件都出现不同程度的老化。大部分电气设备都应该按照轻重缓急进行逐步更换，以保障现场生产的安全稳定。但是受空间和时间的限制，较多设备技改难度大，无合适的技改方案。针对设备老化、设备故障增加、可靠性下降的情况，2020 年实施的 3 个技改能够有效改善此类情况，同时，2021 年的技改申报也要重点考虑此类情况。

2

热控典型事故及异常事件篇

案例 27　#2CEMS 通讯故障事件

【简述】

某厂 #2CEMS 系统仪表和上位机通讯时好时坏，测量数据更新速度慢，测量准确度较差，无法完成校准、校零等操作，影响数据外传。

【事故经过】

某厂 #2CEMS 停炉期间，巡检人员发现通讯断断续续，仪表指示灯一会儿琥珀色交替闪烁，一会儿常绿（正常情况下通讯指示灯状态应该一直按固定频率琥珀色交替闪烁），骨架电脑进度条一会儿显示测量值获取中 0 保持不变，一会儿显示 fault，上位机运行界面通讯故障显示黄色告警，DCS 接收数据正常，与骨架电脑一致（图 1）。

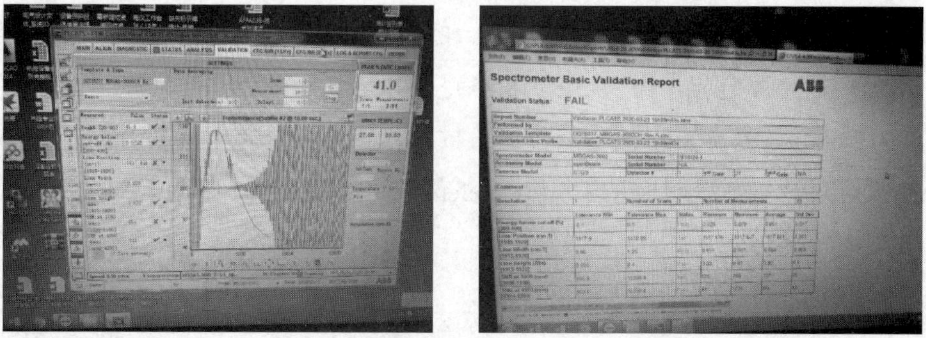

图 1　分析仪校准失败

2020 年 3 月 13 日，ABB 厂家就 MBGAS 3000 型高温傅里叶 CEMS 系统对相关人员进行了相关培训，会议上各厂均提出有通讯故障现象存在，而以往出现通讯故障时，重启分析仪表或者骨架电脑，通讯故障就会恢复。ABB 厂家认为，通讯故障出现时，需要第一时间联系他们对系统进行远程诊断，并非立即重启仪表。因此 3 月 16 日晚通讯故障再次出现后，该厂没有立即重启仪表而是第一时间联系 ABB 远程诊断。

接下来的一周，ABB 厂家多次远程用 FTE 和 PL4 软件连接分析仪，发现 #2 干涉仪 F、D 值偏低（10、5，正常不能低于 10），更换完干涉仪后 F、D 正常（30、31），但通讯问题依旧没有解决（图 2）。

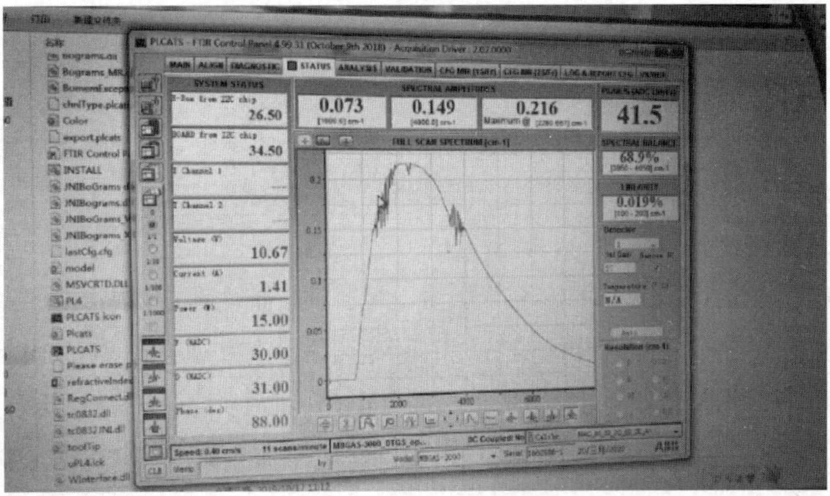

图 2　更换干涉仪后

ABB 厂家远程用 PL4 做 reference 和 validation 均失败，line position 值为 1 917.841（正常范围 1 917.9～1 918.06），SNR at 1050 值为 694（正常范围为 800～10 000）。更换 SBC 网卡后，通讯依旧不正常。最后更换 E-BOX 电气箱（包含通讯板、主板等），重启电脑后 reference 可以完成，仪表通讯截至目前也未出现中断现象。

【事故原因】

1. 直接原因。

分析仪与骨架电脑通讯故障。

2. 间接原因。

分析仪光路有干扰，激光校准不能通过。

3. 根本原因。

分析仪内部主板、板卡连接电路老化。

【防范措施】

1. 更换备件前，分析仪必须断电，拆下来的需要返厂修理，确保备件正常。

2. 软件及系统在进行升级时，需要生产商、集成商、用户通过测评正常后方可升级。

3. 更加详细、彻底地定期维护，仪表吹扫压缩空气质量要保证。

4. 定期工作时，需要用软件连接仪表、记录数据，对仪表健康状态应提前预警和防范。

5. 盘点备件库存，确保库里事故备件数量合理。

案例 28　DCS 系统中毒事故

【简述】

某厂 2019 年 1 月 31 日 SIS 系统数据不刷新，运行人员检查发现 SIS 接口机死机，重启电脑后无法排除故障。利用 SIS 接口机杀毒软件查杀，结果显示为系统受到了源自 DCS 服务器的“永恒之蓝”的攻击。全面排查后，DCS 两台服务器、两台操作员站、一台工程师站均存在病毒，DEH 系统的工程师站及操作员站均存在上述病毒。经过 DCS 厂家、DEH 厂家对各系统的电脑系统及组态软件进行重装并安装相应的补丁后系统恢复正常运行。现将事件经过、处理过程、原因分析、防范措施等报告如下。

【事故经过】

某厂 2019 年 1 月 31 日 SIS 系统出现长时间数据不刷新的现象，运行人员检查发现 SIS 系统与 DCS 服务器直接连接的 SIS 接口机出现死机的情况，无法接收 DCS 服务器中的数据。电脑经过几次重启后，系统均只能运行约 30 min 又再次死机，重启已无法排除故障。于是利用该电脑杀毒软件并进行查杀，结果显示为该 SIS 接口机受到了 DCS 服务器恶意数据包“永恒之蓝”的攻击。

运行人员对 DCS 系统所有电脑进行排查，发现 DCS 两台服务器、两台 DCS 操作员站、一台工程师站存在病毒感染的情况，随机对全厂其他控制系统进行排查，发现 DEH 系统的一台工程师站及一台操作员站也存在病毒感染的情况。该病毒存在的共性问题是占用操作系统的大量内存，导致操作系统内存不足，操作命令无法响应，操作界面提示“应用程序错误”的报警对话框，部分电脑出现死机、蓝屏现象。

DCS 系统服务器由于配置较高且操作员站的数量充足，所以未对生产运行造成影响。DEH 系统操作员站报故障后经过短暂重启，能够维持 1 天左右的时间正常运行，由于该系统正常运行中操作调整相对较少，所以也未对生产运行造成影响。但系统存在较大的安全隐患。

杀毒软件查杀情况如图 1 所示。

详细描述：本地IP地址：130.0.0.100本地端口：445远端IP地址：130.0.0.1远端端口：1918为您成功拦截共享端口收到的恶意数据包，防止了系统漏洞被入侵。wannacry病毒会针对性攻击有“永恒之蓝”漏洞的系统，建议您恢复该漏洞，避免系统被再次入侵。

图 1　杀毒软件查杀情况

应用程序错误报警对话框如图 2 所示。

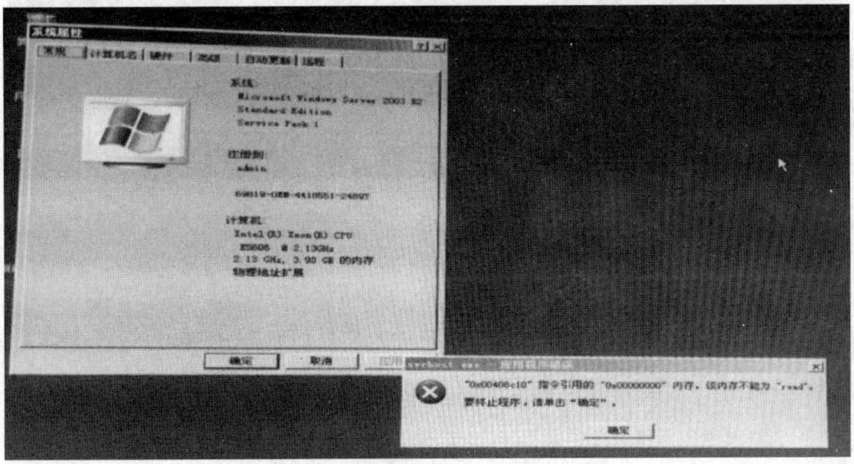

图 2　应用程序错误报警对话框

操作系统进程如图 3 所示。

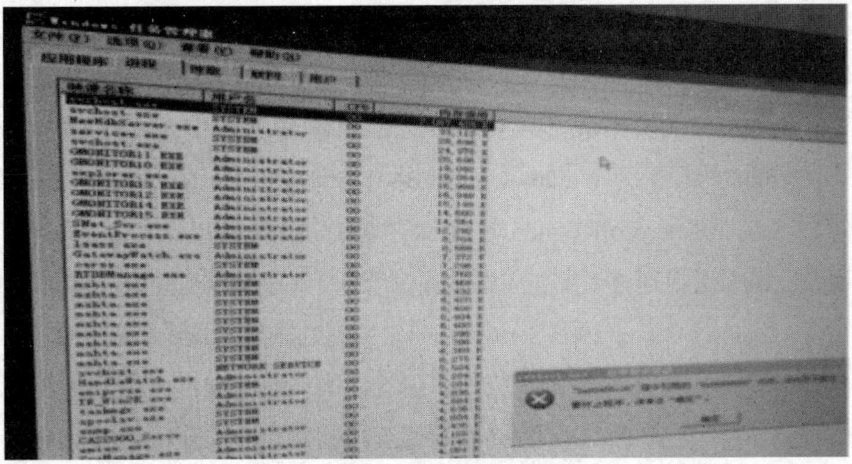

图 3　操作系统进程

电脑蓝屏如图 4 所示。

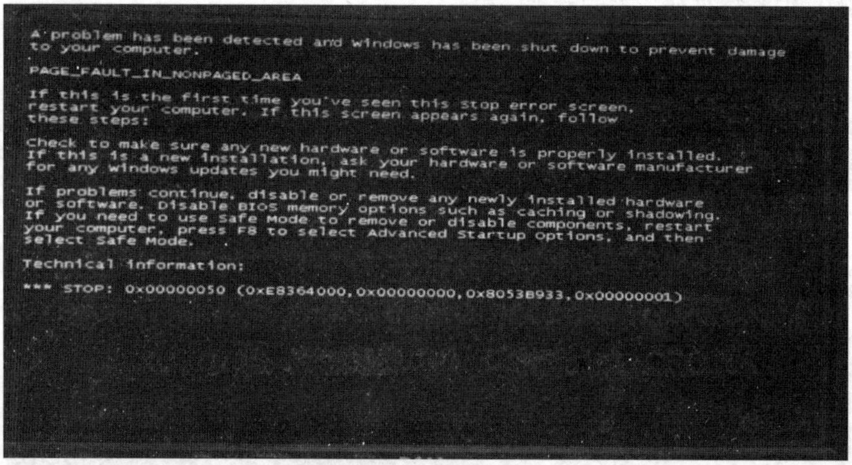

图 4　电脑蓝屏

【事故处理】

1. SIS 系统。

SIS 系统接口机出现故障后，该厂联系 SIS 系统厂家技术员对该操作系统及软件进行了多次的重装并试运行，均无法彻底解决软件死机及蓝屏问题。

通过安装杀毒软件离线杀毒、对系统内存进行扩容的方式依然无法解决问题，判断该接口机的主板可能存在硬件故障，最终对该 SIS 接口机整机进行了更换并安装相应软件后，运行至今未再次出现类似故障。

2. DCS 系统。

DCS 系统厂家技术员到达现场排查故障，立即对所有操作员站安装操作系统补丁。操作员站的操作系统为 Microsoft Windows XP Professional 2002 Service Pack3，所安装的补丁为 Windows XP-KB4012598-x86-Custom-CHS；服务器电脑的操作系统为 Microsoft Windows Server 2003 Standard Edition Service Pack 1，由于网上已经无法找到该系统相应的操作系统补丁，所以只能先将服务器操作系统升级至 Windows Server 2003 Service Pack 2 以后再安装相应的操作系统补丁。

但是到场服务的 DCS 系统厂家技术员无法确保服务器操作系统升级后是否会对 DCS 系统产生不良影响；同时，考虑到风险，因此未在机组运行时对服务器操作系统进行升级，所以本次 DCS 系统厂家服务未对服务器进行升级处理。

经过再次与 DCS 厂家沟通，DCS 厂家最终派遣了有处理该类事件丰富经验的技术员到场处理。技术员到场后认为操作系统软件已经受损，单纯的安装操作系统补丁无法彻底解决故障，因此对所有的操作员站、服务器、工程师站的操作系统及组态软件进行重装并且安装相应的操作系统补丁。安装完毕后运行至今未再出现以上故障现象。

3. DEH 系统。

经过与 DEH 厂家签订技术服务合同后，DEH 系统厂家技术员在该厂对操作员站电脑操作系统重装完成的基础上，对 DEH 系统的工程师站、操作员站的组态软件进行了重装，重装完成后运行至今未再次出现类似故障。

【事故原因】

投产时控制系统设计不合理。全厂各控制系统上位机均未安装防病毒软件，一旦控制系统受到病毒攻击，则无法及时发现。

由于控制系统的历史数据非常重要，需要定期做好备份工作，但是历史数据包数据量大，普通的 U 盘无法使用，需要使用专用的移动硬盘进行拷贝。同时，需要定期备份的系统包括 DCS 系统、DEH 系统、烟气处理系统、烟气在线系统等。由于备份的系统多，一旦某个系统出现病毒时，系统间数据拷贝时会容易出现交叉感染。

此外中控运行人员的部分人员防范意识不足，偶尔有人会利用操作员站的电脑通过数据线对手机进行充电或使用存储设备，这也可能导致控制系统感染病毒。

【防范措施】

1. 利用定期检修增加 DCS 系统专用的工业防病毒软件。传统的“黑名单”查杀方式不仅消耗大量系统资源、容易误杀正常软件，而且还需要定期更新病毒库，这些都是工业场景所不能接受的。该工业防病毒软件采用了与“黑名单”相反的“白名单”机制，阻止所有非用户授权的程序启动，可以有效避免病毒的感染。

2. 对各个控制系统的主机补充安装操作系统补丁，关闭所有 139/445 等端口，安装USB端口专用锁头（仅专用锁可开启）。定期检修时应对机箱、机柜进行检查吹扫，对接线端子进行紧固，对各系统的通讯网络设备进行检查。

3. 完善《计算机软件管理制度》《工程师站和电子设备间管理》制度，并在OA系统审批发布。设立了电子设备间及工程师站人员进出登记表、数据拷贝专用的移动硬盘借用登记表，增加了工程师站视频监控，增设了计算机的多级授权。组织电仪人员学习《电子监控系统安全防护规定》《电子行业网络与信息安全管理办法》等相关信息安全文件。

案例 29　PLC 程序丢失事件

【简述】

某厂定期检修时对 PLC 控制柜进行例行清灰，因 PLC 电池电压低，导致 PLC 程序丢失。

【事故经过】

某厂在 B 修即将结束前试运设备，运行人员发现 #1 布袋设备卸灰阀、进风阀、出风阀、热风循环阀在 DCS 远方均不能动作，运行值班员就地检查就地远方开关均在远方自动位置，主控再次启动 #1 布袋后设备仍然不能启动。运行值班员将转换开关打至就地，在触摸屏上操作设备仍然不能动作。值长通知热工专工及检修人员处理。

设备信息：

PLC 型号：CPU 412-2DP；品牌：西门子；触摸屏品牌：西门子；PLC 与 DCS 采取 OPC 通讯。

热工专工就地检查触摸屏发现显示的数据均为“####”，设备状态显示为感叹号，PLC STOP 灯显示黄色停止模式。DCS 查看 #1 布袋通讯状态为“bad”通讯故障。

热工专工通过组态软件连接 #1 布袋 PLC 并备份当前程序，发现程序是空的。下载最近一次的 #1 布袋备份程序后 PLC 显示运行，触摸屏显示正常，查看 DCS#1 布袋通讯状态正常，就地远方试启动设备均正常。

通过询问检修人员得知，布袋配电柜检修期间做过清灰工作，紧固端子时断开过控制电源。检查 PLC 电源发现 BAT 指示灯亮，测量电池电压为 1 V（正常为 3.6 V 左右），电池电压明显低于规定的正常值。判定 PLC 程序丢失的主要原因为后备电池电压不足，同时 PLC 交流电源被断开，从而造成存储在 RAM 存储卡中的程序丢失。

西门子 400 系列 PLC 电池更换如图 1 所示。更换步骤为（当 BAT 指示灯亮的时候需要尽快更换电池）：

1. 打开电源模块前盖。

2. 用带子把旧的电池拉出电池盒。

3. 插入新电池，并注意电池极性。

4. 设定 BARR.INDIC 开关（是否监视后备电池状态的选择开关）。

5. 用 FRM 确认按钮取消错误信息。

6. 合上电源模块前盖。

注意：只能在系统通电或已连接外部电池时才能更换电池，否则 CPU 内的用户程序将会丢失。

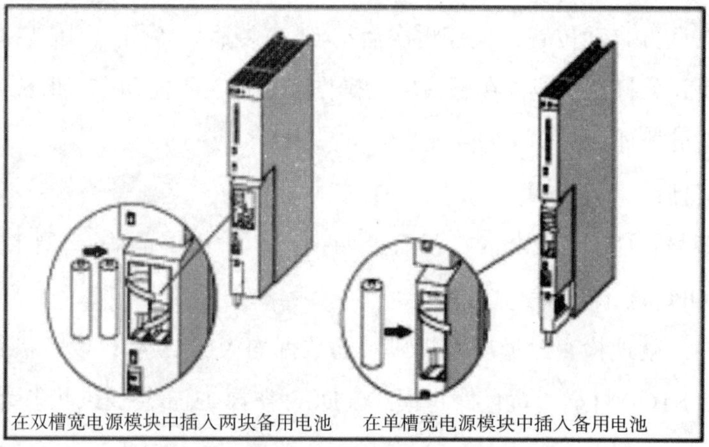

在双槽宽电源模块中插入两块备用电池
在单槽宽电源模块中插入备用电池

图 1　西门子 400 系列 PLC 电池更换

【事故原因】

PLC 用于存放用户程序的随机存储器（RAM）、计数器和具有保持功能的辅助继电器等均用锂电池保护，锂电池的寿命大约为 5 年。当锂电池的电压逐渐降低到一定程度时，PLC 基本单元上的电池电压就会减低致使电池指示灯点亮，提示用户注意。如果不及时更换电池，设备平时运转和检修时，PLC 的电源断开会造成程序丢失或 PLC 损坏。

本次故障，检修人员未能在检修工作开始前对PLC相关状态进行确认，从而导致断电操作后程序丢失。

【防范措施】

1. PLC锂电池使用5年以上或检修时发现电池指示灯亮时应尽快更换电池。电池更换利用好Wis台账管理，定期更换。

2. 更换电池前，保证交流电源正常，并做好事故预想。

3. 要检查和记录电池在PLC电池槽盒内安装的极性，确保新安装电池和原来一致。

4. 由厂家或本单位工程技术人员将程序备份，同时在编程器中安装合格的应用软件，防止在更换电池程序丢失时，能及时下载程序。

5. 本单位工程技术人员要能熟练掌握程序的上传、下载步骤。

6. 由于更换电池的重要性，更换电池由仪控班长及以上技术人员执行。

7. 充分利用网格化巡检功能，每周定期对PLC控制柜检查并记录各指示灯的状态，发现问题及时通过移动端上报。

8. 热工专工定期检查巡检记录情况，并抽查巡检质量。

9. 涉及PLC停电工作的工作票，需要在工作票中加入PLC电源余量检查工作内容。

案例 30　机组旁路减温减压阀快关保护动作事故

【简述】

某厂因机组旁路出口温度测点故障，联锁机组旁路减温减压阀快关保护动作。

【事故经过】

某厂机组正常运行，#1 锅炉过热器出口压力：3.36 MPa，汽包水位：1 mm，给水调门投入自动；#2 锅炉过热器出口压力：3.37 MPa，汽包水位：-4 mm，给水调门投入自动；汽机发电机组为机组旁路带旁路凝汽器运行方式，机组旁路减压阀 PID 投入手动，减温阀 PID 投入自动；#1、#2 炉向空排汽门投入压力联锁；#2、#3 给水泵并泵运行且给水母管压力调节投入自动，#1 给水泵投入备用联锁，#2 旁路凝结水泵投入运行，#1 旁路凝结水泵备用。

当天 14∶07∶36，DCS 画面显示“机组旁路减压阀快关”“机组旁路减温阀快关”并闪烁，#1、#2 锅炉向空排气门动作全开，#1、#2 锅炉过热出口蒸汽压力突升至 3.9 MPa，两台炉汽包水位突降至 -60 mm。如图 1 所示。

【事故原因】

热工人员在线查看机组旁路快关保护联锁逻辑，并调取引起机组旁路快关保护动作触发条件的历史趋势，发现机组旁路减温减压器出口蒸汽温度在 14∶01 时开始出现不正常的小幅波动，如图 2 所示。

14∶07 出口蒸汽温度突升至 198℃，超过逻辑设置的温度保护限值 190°，触发机组旁路快关动作。逻辑原理如图 3 所示。

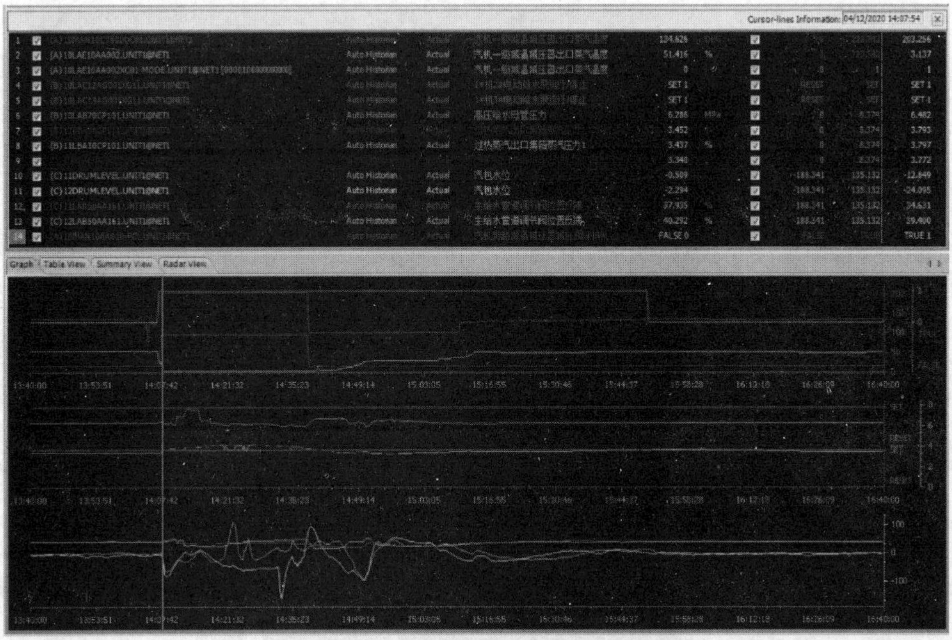

图 1　保护关动作前后相关点历史曲线

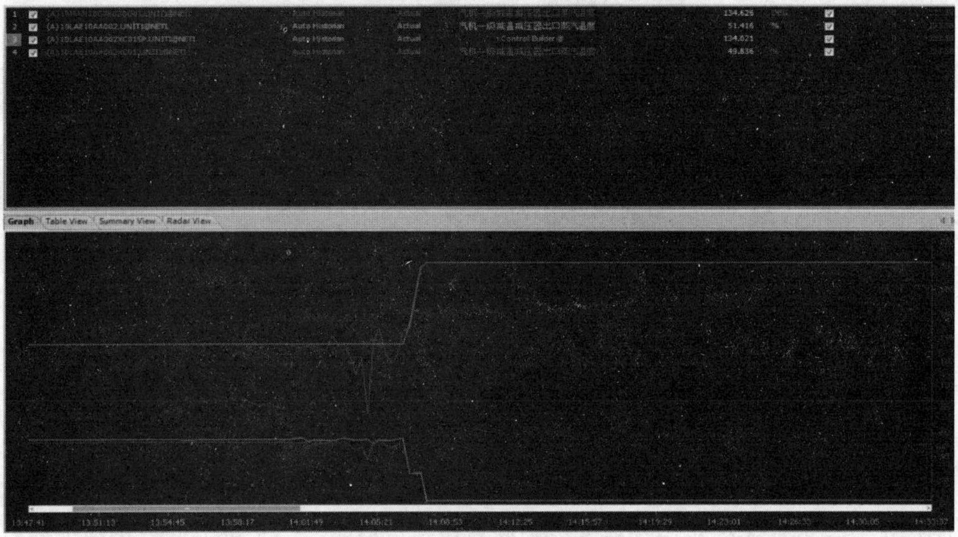

图 2　机旁减温调门调节曲线

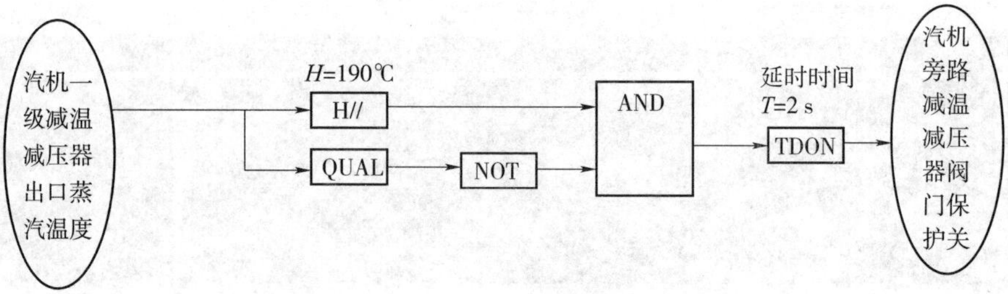

图 3　触发阀门保护关动作逻辑图

热工人员随即进行紧急修复，将故障温度测点恢复正常，机组投入正常运行。经现场检查，该温度测点故障原因系热电偶偶丝断裂导致测点异常。引起该热电偶偶丝断裂的可能原因是该测点安装位置在减压阀出口，虽然有保护套管，但是蒸汽冲刷套管导致的振动将偶丝振断，如图 4 所示。

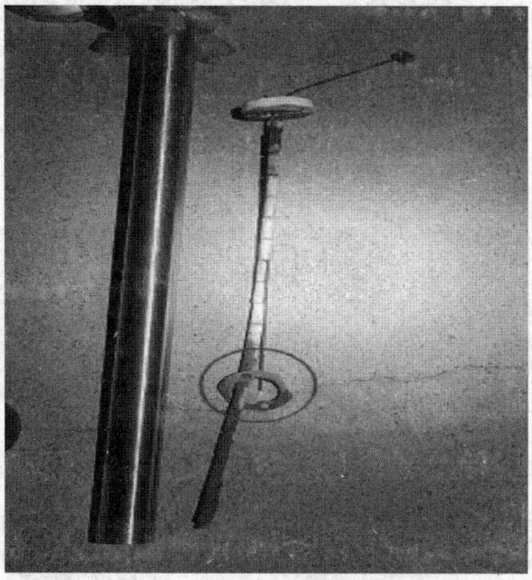

图 4　热电偶偶丝断裂

【防范措施】

1. 根据《防止电力生产事故的二十五项重点要求》，重要热工联锁保护测点要做冗余。作为机组旁路快关联锁保护，该温度测点设计为单点，未做有效的冗余措施，这增加了保护误动概率。因此在机组检修时，应另外安装一个温度测点并做冗余逻辑。

2. 重要热工保护测点未设置限速切除保护功能。该温度测点仅通过坏质量判断和限值判断，同时满足上述条件就会延时 2 s 触发保护动作，但是逻辑未做限速切除逻辑。本次保护动作前该测点在 2 s 内温度突升 50℃，属于异常突变，因此需要设置限速切除，并做切除异常报警提示。

3. 该热电偶选型为 WRN-230 铠装单支热电偶，不能满足冗余要求，在停机检修更换时选型应为铠装双支热电偶。

4. 运行人员要加强监盘，及时发现异常画面提示和报警提示。在本次保护动作前，机组旁路减温阀 PID 在自动模式，温度出现波动时，减温阀调门做了指令与反馈，并在 DCS 画面上做了“切手动”报警闪烁。运行人员应及时发现异常，并通知热工人员处理。

5. 按照 DL/T 774 的规定，定期做好重要调节系统的扰动试验，确保调节器工作性能满足规范要求。

6. DCS 应对重要调门开、关连锁条件设置监控面板，并能都通过相关逻辑指示，便于运行人员第一时间了解动作原因。

案例 31　雾化器无法正常投运影响焚烧炉启动事件

【简述】

某厂焚烧炉在启动过程中投用雾化器时，在系统未出现任何报警的情况下，雾化器始终无法正常启动，导致投入垃圾时间受到影响，延长了焚烧炉的正常启动时间。

【事故经过】

2017 年 11 月 14 日，某厂 #2 雾化器在准备启动时，系统没有任何影响启动的报警，变频器状态正常，操作人员在就地控制面板点击辅机启动按钮，就地面板反馈辅机已启动，但是雾化器仍处于“NOT READY”状态，点击启动雾化器按钮，雾化器无法启动。检查系统报警信息，也无任何报警。

再次详细检查系统，发现冷却水泵已启动，出口压力正常，压缩空气管路压缩空气压力显示基本正常，润滑油管路里有润滑油。

进一步检查后发现，在点击辅机启动按钮时，压缩空气电磁阀和润滑油泵启动控制继电器未动作，初步怀疑是控制系统未发出电磁阀打开和润滑油泵启动的指令。

雾化器就地 PLC 控制系统运行正常，DO 输出卡件状态正常。判断应该是有其他连锁保护条件不满足，导致系统未开出启动指令。

检查 PLC 程序，检查辅机启动控制逻辑（图 1）。

```
⊟程序段2: Transitions startsequence
// Enable heater (E05)
    A    "PU_ENABLE_ON_OFF"              // enable P.U. atomizer on/off 1/0                M20.0            -- Enable PU atomizer on/off 1/0
    =    "DB_SEQ_STATUS".seq_1_atomizer.startseq_stepcond_0                                 DB120.DBX3.0     -- condition step 0 startsequence
// Enable coolingwaterpumps (P03 en P04)
    A    "DB_SEQ_STATUS".seq_1_atomizer.startseq_step_0    // enable heater E05             DB120.DBX5.0     -- step 0 startsequence
    =    "DB_SEQ_STATUS".seq_1_atomizer.startseq_stepcond_1                                 DB120.DBX3.1     -- condition step 1 startsequence
// Enable electrovalve plantair (EV91)
    O    "DB_MOT_STATUS".P03.feedback    // coolingwaterpump 1 working                      DB90.DBX4.5      -- feedback motor switched on
    O    "DB_MOT_STATUS".P04.feedback    // coolingwaterpump 2 working                      DB90.DBX6.5      -- feedback motor switched on
    AN   "DB_ANA_MESS".TT15.L          // message L temp. bearing 1 atomizer                DB115.DBX9.3     -- L message
    AN   "DB_ANA_MESS".TT11.L          // message L temp. bearing 2 atomizer                DB115.DBX3.3     -- L message
    =    "DB_SEQ_STATUS".seq_1_atomizer.startseq_stepcond_2                                 DB120.DBX3.2     -- condition step 2 startsequence
// Enable electrovalve lubricationpump  lubrication unit (EV80)
    A    "DB_DETECTION_STATUS".PSL98.detection    // L pressure lubrication air lubrication unit   DB106.DBX43.0    -- detection
    =    "DB_SEQ_STATUS".seq_1_atomizer.startseq_stepcond_3                                 DB120.DBX3.3     -- condition step 3 startsequence
// Enable atomizer (M01)
    A    "DB_SEQ_STATUS".seq_1_atomizer.startseq_step_3    // enable electrovalve EV80      DB120.DBX5.3     -- step 3 startsequence
    =    "DB_SEQ_STATUS".seq_1_atomizer.startseq_stepcond_4                                 DB120.DBX3.4     -- condition step 4 startsequence
```

图 1　辅机启动程序

检查 PLC 功能 FC 15，其中程序段 2 为辅机顺控逻辑块，内容如下：

辅机启动顺控逻辑：

1. 在点击辅机启动按钮后，首先启动冷却水泵，没有连锁条件，PLC 会直接发出启动指令。

2. 冷却水泵启动正常后，打开压缩空气电磁阀，连锁条件为：（1）冷却水泵至少启动一台；（2）#1、#2 轴承温度没有低于设定值。

3. 最后启动润滑油泵，连锁条件为润滑油压力低。

在顺序控制中，每一个步序均有连锁条件，如果条件不满足，PLC 将不会发出指令。

润滑油泵启动，润滑油压正常后，雾化器状态变为“READY”。表明辅机系统已正常启动，可以启动雾化器。

根据辅机顺控启动逻辑，冷却水泵已正常启动后，PLC 应该要发出打开压缩空气电磁阀指令，而实际却没有发出指令，肯定是条件不满足。因冷却水泵已启动，压力正常，应该是轴承温度异常导致。检查发现有轴承温度为 16.75℃，偏低。轴承温度低设定限值为 20℃，实际温度已低于设定低限值，因此导致雾化器辅机系统无法全部正常启动。

在线检查限值设定数据块 DB 116，如图 2 所示。

因报警系统没有组态至画面和就地操作面板，导致操作人员无法得知报警信息，所以在启动和检查过程中没有能及时发现报警提示（之前检查压缩空气压力正常可能是电磁阀内漏所致，油管里的油应该是残留的油渍）。

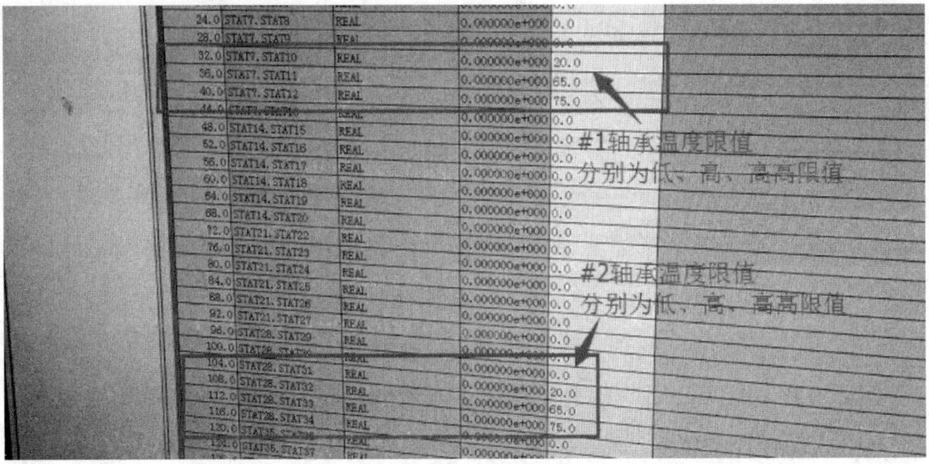

图 2　轴承温度限值

将雾化头投入烟道中，并对轴承冷却水进行加热，保持冷却水泵运行正常，一段时间后轴承温度上升至 20℃以上，辅机启动正常，启动雾化器正常（必要时，可以采取在程序中修改轴承温度低限值的方式，使启动条件尽快满足要求）。

【事故原因】

1. 天气寒冷。

因天气寒冷，环境温度很低，导致雾化器轴承温度偏低，不满足正常运行条件。可以采取通过轴承冷却水和烟道内高温烟气均匀加热的方式，保证轴承温度尽快达到要求，且不会对轴承造成很大的损伤，保证雾化器能尽快正常投入运行。

2. 监控画面信息不完善。

监控画面未将所有连锁条件及保护限值信息进行显示，导致操作人员对系统运行条件不清晰，未能提前做好设备启动准备，如果强行启动甚至可能导致机械部件损坏等更严重后果。

【防范措施】

1. 在天气寒冷时，可以将冷却水温度适当提高，提前将雾化头放入烟道内，并将冷却水系统投入运行，防止轴承或线圈温度偏低，影响雾化器的正常投运。

2. 完善雾化器控制系统、就地监控画面，将所有连锁及限值信息通讯、组态至监控画面和就地操作面板，方便操作人员及时监控相关启动条件是否满足，提前采取必要措施，防止因环保设施无法正常启动，影响环保指标和焚烧炉的正常启动。

3. 必要时可以通过工业以太网将 PLC 信息通讯至控制室指定上位机，便于运行人员远方第一时间了解启动问题。

4. 考虑到轴承工作温度的要求，可在冷却水箱安装加热装置和冷却水温测量装置，保证冷却水温度满足轴承工作要求。

案例 32　#1 炉给料炉排行程偏差大跳闸事件

【简述】

某厂 #1 炉给料炉排速度为 0，给料炉排行程偏差大发生跳闸，最终 #1 炉压负荷运行至解列。

【事故经过】

2018 年 6 月 21 日 10∶10，某厂 #1 炉给料炉排的速度变为 0，给料炉排顺控由于行程偏差大发生跳闸。

该厂热工人员现场对就地控制柜继电器、端子排、保险一一排查，未发现故障点。查看 DCS 报警画面未发现报警项，给料炉排顺控显示其正在运行中，检查给料炉排左、中、右行程以及速度给定和反馈曲线发现，#1 炉给料炉排在 10∶10 速度变为 0。就地沿着信号传递回路分别测量电源转换模块输出电压、保险输出电压、中间端子排电压、电磁阀输出电压都是 24 V，未见异常。将仓库备用的电磁换向阀和比例流量阀逐一更换，均没有解决该故障，从而判断原电磁换向阀和比例流量阀都正常。

机务人员检查油系统并切换滤网，检查供油阀，供油管路均正常，给料炉排行程也未见卡涩。

运行人员在 DCS 将给料炉排速度调节由自动切换手动，对左、中、右炉排各自操作，手动给定速度就地均未反应。热工人员在电子间检查 PLC 供电、接地均正常，用万用表测量从 PLC 输出的指令以及输入给 PLC 的反馈，发现 AO 卡件没有指令输出。

同时检查该卡件其他模拟量通道，发现其他通道模拟量指令也没有输出，比如空预器调门指令，左侧 #2 一次风机速度设定均无输出。

【事故原因】

SIGMA 系统 PLC 的 AO 卡件损坏，PLC 无 PID 信号输出。

【防范措施】

1. AO 卡件应作为事故备件，库存应能满足现场紧急需要。

2. 热工人员应加强就地控制柜以及 SIGMA 控制柜的日常巡检，及时发现故障。

3. C 修时对卡件、开关清灰检查，紧固接线端子。

4. PLC 程序应定期备份等。

5. AO 卡件故障时，首先检查背板供电是否正常，其次检查该卡件其他通道有无异常，最后利用排除法确定故障点。

案例 33　DCS 系统设备运行期间发生信号抖动事件

【简述】

某厂 DCS 系统设备在运行期间，部分信号突然发生短时间信号抖动。

【事故经过】

某厂 DCS 系统设备在运行期间，部分信号突然发生短时间信号抖动。经过调取工程师站上的数据曲线，显示在 15∶00~16∶00 #1 炉汽包压力、#1 炉过热蒸汽压力等数据均正常，未发生任何信号抖动，如图 1 所示。

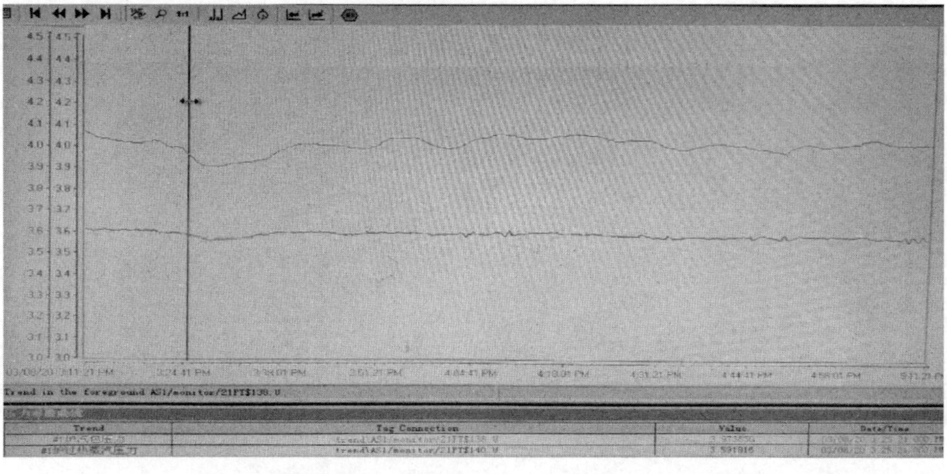

图 1　工程师站上 #1 炉汽包压力、过热蒸汽压力曲线

但是在调取运行操作员站上的数据曲线时，显示在 15∶23 时 #1 炉汽包压力、#1 炉过热蒸汽压力数据均出现了一个瞬时的尖峰抖动信号，如图 2 所示。

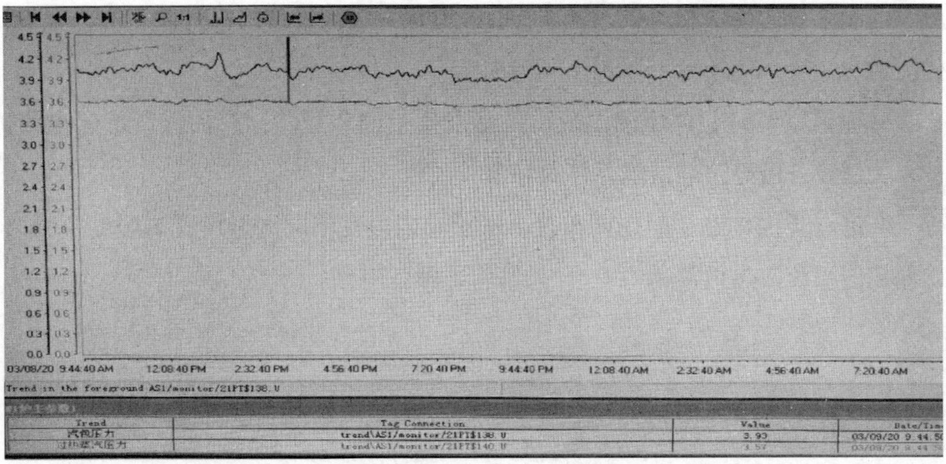

图 2 操作员站上 #1 炉汽包压力、过热蒸汽压力曲线

数据分析：因两台电脑的数据采样时间存在细微差异，可能导致数据采样记录的结果稍有不同。通过对两台不同电脑的曲线记录的差异进行分析，基本上可以推断上述信号发生了异常抖动，但持续时间非常短，导致工程师站未捕捉到这次数据跳变。

【事故原因】

检修人员对现场设备和 DCS 控制系统进行详细检查，未发现异常，DCS 控制系统电子间内温度偏高，打开控制柜后发现控制模件表面触摸有烫手感觉，温度明显异常。因模件工作状态下自身会发热，如果周围环境温度过高，那么处于控制柜内的模件散热情况将更加恶化，最终可能导致模件本身工作状况不稳定。

处置措施：经过开启空调降温后，电子间内温度下降，模件温度也随之下降，经过 48 h 观察未再发生信号异常波动现象。

【防范措施】

1. 运行人员和检修人员应加强对集控室电子间、CEMS 间、机房等重要设备环境温度的监控，及时发现和处理空调异常，保持良好的设备运行环境。进一步优化空调布置，确保控制系统散热正常。

2. 因 DCS 系统已连续工作多年，不排除 DCS 系统长期运行后设备老化导致模件本身工作状况不稳定，抵御恶劣高温环境的能力变差，故拟在下次检修期间应对控制系统的模块和通讯系统进行技改升级，提高设备的稳定性和抗恶劣工况的能力。

3. 梅雨季节时，环境潮湿，设备易发生受潮和短路，应加强设备巡视和防护，关键设备做好防潮措施，并做好事故预想。

4. 进一步优化电子间空调布置，电子间内应在不同区域设置温湿度检测仪，确保控制系统散热正常。

案例 34　#1 炉焚烧炉控制系统 CPU 故障事件

【简述】

随着自动化程度的提高，控制系统 PLC 在电力生产中有着广泛的运用。在系统运行过程中，PLC 故障是一种比较常见的故障。特别是新项目的调试期间、长期运行 PLC 系统的生命周期后期、夏天高温季节或者梅雨季节等，都是 PLC 设备故障的多发时段。

某厂在控制系统升级改造过程中，由于未能发现程序循环周期问题导致 CPU 故障。

【事故经过】

为配合焚烧优化调整，某厂焚烧炉控制系统在计划检修期间，先后进行了电缆铺设、CPU 硬件升级等多项硬件改造工作。软件部分由于程序修改的复杂性以及调试过程中不断测试摸索的需要，其软件修改过程安排在机组运行期间按工作进度需要间断进行。

软件升级后焚烧炉控制系统在一段时间内出现两次设备无故停机的故障，将 CPU 状态切换到停止状态后，让设备冷态重启动，设备又可以正常运行，但正常运行一段时间后故障又再次出现。

首次出现停机故障时，利用 STEP7 在线诊断 CPU 的诊断缓冲区，查看 CPU 故障信息，在 Diagnostic Buffer 标签页没有发现明确的故障信息，因此编程人员在程序里面重新加入了 OB80（时间错误处理组织块）、OB82（诊断中断处理组织块）、OB85（优先级错误处理组织块）、0B86（机架故障组织块）、OB87（通信错误组织块）、OB121（编程错误组织块）、OB122（I/O 访问错误组织块）组织块，来排除 OB 组织块没有下装时导致死机故障的原因。

设备硬件排查：打开硬件组态界面，在线监视各设备硬件状态，经过一段时间的连续监视，未发现有红色硬件报错或黄色感叹号异常，基本可以排除PLC硬件原因引起的CPU故障。

经过现场设备排除，检查输入 / 输出单元和扩展单元连接器的插入状态、电缆连接状态，检查电源输出电压等，也排除了相关现场设备的硬件故障。

现场运行工况分析：通过对#1炉焚烧炉控制系统两次故障停机时间点的现场运行工况进行详细分析，查看相关历史数据，发现两次停机现象有一些相似之处：都是在负荷很低的时候出现了停机现象。针对程序细节逐一排查，最后将排查重点放到和蒸汽流量相关的运算上，发现了其可能导致停机的原因。为了验证判断是否正确，在#1炉焚烧炉控制系统停机检修期间，进行相关试验并重现了故障现象，证实了当时判断是正确的。

【事故原因】

由于焚烧炉控制系统程序在编写时没有考虑到蒸汽流量差压换算的低限为负值时做小信号切除，导致当锅炉负荷很低时，主蒸汽流量差压值反馈变成了负值，负值经过开方计算转换成蒸汽流量后变成了一个坏质量的过程值，这个过程值被引入PID运算里面，使得PID块运算出现超时，导致CPU循环时间超时停机。

处置措施：针对导致停机的原因，现场调试人员做了相应的程序修改，将蒸汽流量差压换算的低限为负值时做了信号切除程序，这样计算出来的蒸汽流量过程值就不会变成坏质量，引入其他程序参与控制时，就不会引起逻辑处理超时的问题。为验证更改程序后CPU停机的问题是否得到解决，运行人员在停炉期间做了相关模拟试验，确定了经过程序优化后问题已经得到解决。

【防范措施】

针对CPU停机的问题应制定相应的应急预案。如果下次出现类似的停机问题，按如下步骤处理：

步骤一：将CPU状态切换到停止状态后，让CPU设备冷态重启动，看CPU是否可以恢复正常运行。若CPU已正常工作，则故障处理结束。

步骤二：若执行了步骤一后CPU仍然无法正常工作，则需进一步执行重新加载程序，彻底消除程序数据异常或数据损坏故障。首先清除原有程序，将开关扳到 MRES 并在那里保持大约 5 s，当“STOP LED”灯持续发亮，则将开关返回原状态。然后将程序下载到 CPU 内，将开关由 STOP 切换到 RUN 状态，CPU 的 RUN 的指示灯闪烁起来，表示 CUP 已经启动。

同时，大型逻辑、涉及保护的修改应组织逻辑审查会，确保修改工作的安全、可靠。

案例 35　模拟信号干扰设备运行事件

【简述】

某厂因信号干扰，导致辅助燃烧器不能正常工作，进而无法正常控制锅炉运行参数。

【事故经过】

某厂因 #1 炉第一烟道上的温度不能维持在 870℃以上，运行人员运用 DCS 系统远方启动 #1 炉右侧辅助燃烧器助燃。DCS 系统界面 #1 炉右侧辅助燃烧器火焰指示正常，第一烟道中、上部温度上涨迅速，CO 指标也快速上升。运行人员调节 #1 炉右侧辅助燃烧器回油调门时发现，当给定 50% 时仅显示 20%，当给定 80% 也仅显示 20%，回油调门无法正常控制。由于 CO 无法控制，运行人员被迫停止 #1 炉右侧辅助燃烧器运行。运行人员在 #1 炉右侧辅助燃烧器停运后，单独控制 #1 炉右侧辅助燃烧器回油调门发现当调门给定在 15% 下时反馈 0，给定 15% 到 100% 反馈都在 20% 左右变化。

【事故原因】

设备信息：辅助燃烧器回油调门：气动驱动，给定与反馈均为 4 ～ 20 mA 信号。

辅助燃烧器 PLC 控制柜信息如图 1 所示。

通过以上信息了解到：PLC 通过输出 4 ～ 20 mA 信号给辅燃气动回油调门定位器来控制调门开度，辅助燃烧器气动回油调门定位器输出 4 ～ 20 mA 信号作为 PLC 调门开度反馈。

检修人员通过接线检查判断接线正确。检查 PLC 对应回油调门输出通道 0～100% 与 4 ～ 20 mA 对应准确。利用 FLUKE 726 多功能过程校准器输出 4 ～ 20 mA 信号来检查 PLC 回油调门开度反馈对应准确。

就地检查回油调门定位器的设定信号、位置反馈及阀门实际位置均对应准确。恢复线路后调试，测量反馈电流信号仍有波动。

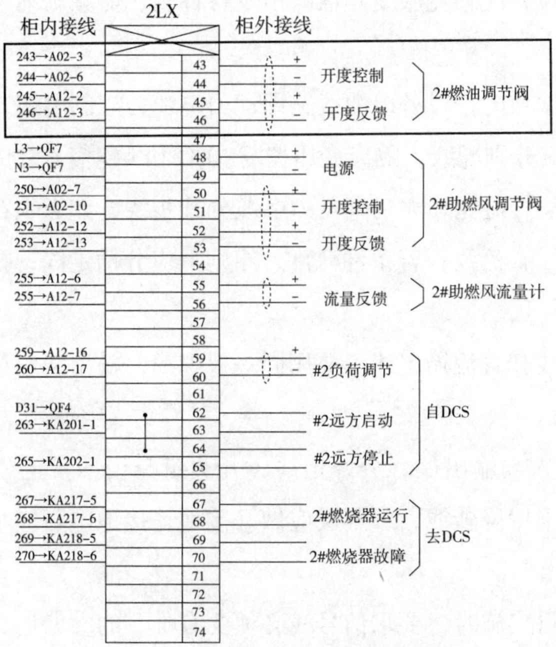

图 1　辅助燃烧器 PLC 控制柜信息

根据上述现象判断 PLC 卡件和 #1 炉右侧辅助燃烧器回油调门装置正常，但存在线路干扰问题。更换屏蔽电缆仍然无法解决，经过反复尝试，在 PLC 控制柜该调门输出与反馈信号端子处均增加无源信号隔离器（EPAK-2CI-2CO-ILP），升级后信号传输恢复正常（图 2）。

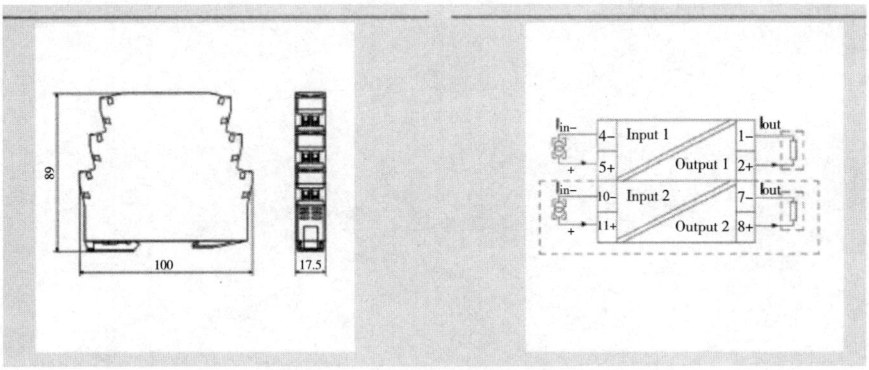

图 2　增加无源信号隔离器

无源信号隔离器功能：抑制公共接地、变频器、电磁阀及不明脉冲对设备的干扰；同时对下级设备具有限压、额流的功能。能够有效隔离输入、输出和电源及大地之间的电位，能够克服变频器噪声及各种高、低频脉动干扰。

【防范措施】

1. 后续技改项目时，设备电缆线路即动力电缆，控制电缆，PLC 电源、通讯和 I/O 信号线缆应分别配线；隔离变压器与 PLC 和 I/O 信号之间应采用双胶线连接；PLC 的 I/O 信号避免和大功率电力电缆分开步线，如必须在同一线槽内，应分开捆扎交流线、直流线；若条件允许，原则上应分槽走线，技术上保证干扰降到最低限度。

2. 交流输出线和直流输出线不要用同一根电缆，输出线应尽量远离高压线和动力线，避免并行。

3. PLC 的输入与输出最好分开走线，开关量与模拟量也要分开敷设。模拟量信号的传送应采用屏蔽线，屏蔽层应做好接地，接地电阻应小于屏蔽层电阻的 1/10。

4. 对后续项目实施时，要求信号线必须要有唯一的参考地，屏蔽电缆遇到有可能产生传导干扰的场合，也要在就地或者控制室唯一接地，防止形成“地环路”。信号源接地时，屏蔽层应在信号侧接地；不接地时，应在 PLC 侧接地。信号线中间有接头时，屏蔽层应牢固连接并进行绝缘处理，一定要避免多点接地；多个测点信号的屏蔽双绞线与多芯对绞总屏蔽电缆连接时，各屏蔽层应相互连接好，并经绝缘处理，选择适当的接地处单点。

案例 36　烟气在线监测设备 CEMS 数据异常事件

【简述】

某厂 #2 炉烟气在线监测设备由于取样管线泄漏，导致烟气指标出现异常，并且严重地污染了设备的核心部件。

【事故经过】

2019 年 4 月 23 日上午，某厂值班员监盘时发现 #2 炉烟气指标 SO_2 和 HCl 数值比较低，几乎接近 0 值，值班员汇报值长后，值长联系现场专工及运维人员现场查找原因。运维人员到达现场后用 50 mg/m^3 和 103 mg/m^3 的标气对现场 #2 烟气在线监测设备分析仪进行标定，标定结果在允许误差范围内，并未发现异常；专工查看设备的运行参数发现分析仪气体室压力偏低，并且在线监测设备测量出来的烟气含水量达到了 30% 左右，超出了本厂正常运行测量值。然后运维人员对全系统进行校准，同样用 50 mg/m^3 和 103 mg/m^3 的标气对 #2 烟气在线监测设备进行全系统校准，发现校准结果显示偏低。

随即查看气体室能量，发现能量参数由前一天的 1 320 下降至现在 960（能量参数降至 600 以下，气体室将无法使用），结合现场标气标定及设备状态参数初步判断整条取样管路有泄漏的地方，需要查漏点。检查取样管线两段接头并未发现松动现象，检查取样探头密封也未发现异常现象，堵住设备端取样接口处发现气体室压力明显成为负压并且能保持住，证明设备端无泄漏情况，接下来需要检查取样管线是否有泄漏的情况。

由于本次 CEMS 诊断时间过长，经过厂内研究并汇报上级领导，决定停止 #2 炉，并在停炉后进行全面查漏。

该厂向所在地生态环境部门报备后，15∶20 左右 #2 炉解列。专工联系维护人员进行现场查漏，伴热管线停止运行并冷却至常温，将伴热取样管设备端取下后装上压力表，在取样口一端灌满水后接上仪用压缩空气管道对其进行密封监测，实验压力为 0.15 MPa 左右时停止加压，发现停止加压时管线内压力很快下降，安排维护人员对整条取样线路进行检查，发现距取样口 15 m 处管外壁有水滴出，并且停止压缩空气后发现压力表压力下降很快，将滴水处保温拆开后，发现取样管的缝隙漏水（图 1），由于取样管有伴热带，截取后会导致加热不均匀，随后联系商务进行紧急采购，到货后将新的伴热管进行验收，符合条件后安装，安装后现场用标气全系统校准设备，测量值在允许误差范围。2019 年 5 月 3 日 #2 炉检修完毕正常运行，运行人员观察 #2 烟气在线监测设备恢复正常测量。

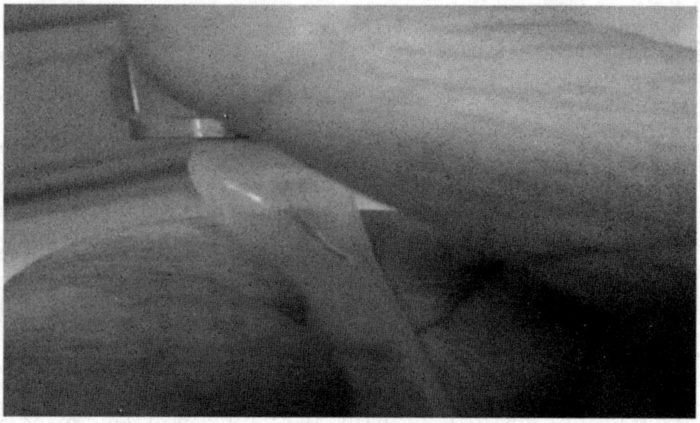

图 1　取样管裂纹

【事故原因】

1. 厂家调试时将伴热管温度设置在 200℃，取样管长期处于高温状态下，导致取样管损坏。

2. 运行维护人员巡检不到位，每日巡检未及时查看气体室压力及能量，导致气体室能量损耗很大，未按照规定进行全系统校准和查看设备参数。

3. 次要原因为取样管质量及安装方式问题，伴热带可能存在质量问题，使伴热管加热不均匀，导致其局部发生损坏。

【防范措施】

1. 伴热管路禁止长期处在高温状态下运行，一般设置温度为 180～190℃。

2. 采购伴热管后，验货时必须检测取样管是否有漏点，实验压力必须在厂家推荐范围内进行。

3. 严格按照 HJ75 执行定期对取样管路进行反吹扫，定期检查是否存在漏点。

4. 做好巡检记录，及时记录数据，进行异常分析。

5. 对取样管路进行备件，如有损坏及时更换。

案例37　TSI系统异常事件

【简述】

2019年5月16日，某厂TSI系统发生#1、#2、#3、#4壳振振动探头信号突变及丢失，#1、#2转速探头信号丢失。DEH系统转速探头记录转速稳定，调门控制平稳，机组负荷正常，汽轮机组本体检查运行稳定无异常。

【事故经过】

2019年5月16日，某厂#1发电机组检修完毕后正常并网运行。06∶10，运行人员发现监视主画面汽轮机#1、#2振动探头出现异常波动。振动值发生跳变至0值且能自行恢复，DCS主画面汽轮机转速信号也同步出现突降情况。

23∶20，运行人员发现#1、#2、#3、#4壳振振动探头同步出现正向大幅波动，触发DCS系统振动大光字牌报警（50 μm），但未达到振动大停机值（80 μm），持续时间约20 min后恢复正常值。

21日00∶45—2∶45，某厂多次出现#1、#2、#3、#4壳振振动探头同步出现正向大幅波动且频次有增多趋势，#1、#2转速探头丢失次数也相应增多，间断持续时间约2 h后恢复正常值。

21日白天偶尔出现#1、#2、#3、#4壳振振动幅值波动，转速探头丢失现象基本消失。

当班值长发现上述异常情况之后立即联系热控专业工程师到该厂协助处理异常，并安排值班员对汽轮机系统进行现场检查，翻阅DEH上位机转速信号画面，DEH转速信号稳定无异常，汽轮机组检查无异常。热控专业工程师到厂检查后，立即排除DCS系统FBM采集卡件故障原因，对TSI 3500控制系统利用电脑进行在线监视并查阅TSI系统alaremevents报警信息，信息显示TSI 3500控制系统#1、#2壳振振动通道出现“Not OK”报警且持续时间较长，转速1、2通道也出现“Not OK”报警但是持续时间较短，大约为 2 s，符合 DCS 系统显示现象。

热控专业工程师联系厂家服务人员到厂协助进行事件分析，服务人员 21 日下午到厂后对 TSI 控制系统以及现场探头进行检查。翻阅所有 alarmevents 报警信息，发现转速 50 卡以及盖振 #1、#2、#3、#4 均出现过“Not OK”状态，初步判断此次异常事件并非现场个别探头故障引起。

检查 TSI 控制柜发现控制系统接地排悬空未接入主接地网，TSI 系统现场探头至控制柜所用控制电缆未在控制柜内侧进行单端屏蔽。

在经过厂领导审批同意后，暂时解除 TSI 轴向位移、超速跳机保护，并加强监控。对 TSI 控制盘柜进行抗干扰信号试验，发现对讲机在通话状态下，对 #1、#2、#3、#4 盖振振动测点波动有明显影响，但是转速探头丢失现象在干扰试验过程中未再次出现。

BENTLY 服务人员利用上位监控 TDM 软件，对转速，盖振及对应频谱进行监视，均显示工作正常，如图 1 所示。

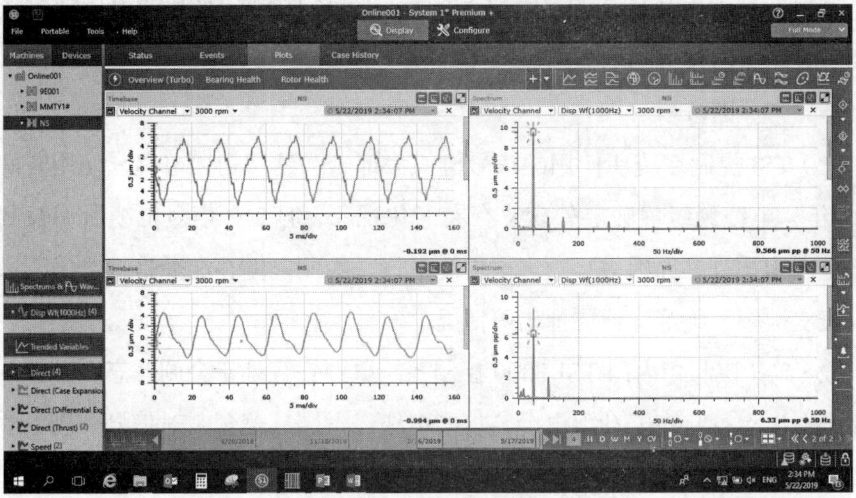

图 1　TDM 上位监控画面

该厂运行人员在厂家服务人员指导下进行以下工作：

1. TSI 控制系统盘柜接地排接入主接地网。

2. 所有探头信号线控制柜线进行单端接地。

3. TSI 3500冗余电源动力电缆与控制信号电缆物理隔离，不在同一槽盒走线。

在整改TSI 3500控制柜动力电缆走线时，#1、#2、#3、#4盖振以及TSI转速探头信号出现大幅波动并出现信号丢失现象，与TSI系统异常情况发生时现象保持一致。

整改结束后，恢复TSI系统跳机保护。观察至今，TSI系统转速及盖振振动测点无异常波动。

【事故原因】

1. “Not OK”报警触发机制。

TSI转速探头1正常运行时（3 000 r/min）探头电压为 -17.00 VDC，转速探头2正常运行时探头电压为 -16.23 VDC，经查阅TSI控制系统组态逻辑，当转速探头电压低于 -2.7 VDC阈值时，即会发出探头出现“Not OK”报警。

TSI盖振振动探头正常运行时载波电压为 -10.40 VDC，经查阅TSI控制系统组态逻辑，载波电压阈值为 -17.95 VDC和 -2.05 VDC，当载波电压超过或者低于阈值时均会出现振动测点出现“Not OK”报警。

2. 异常原因分析。

（1）TSI控制系统所使用的信号电缆大部分为建厂初期电缆，使用时间已超过16年，电缆绝缘屏蔽层外表皮存在老化现象，且TSI信号电缆所用控制电缆桥架也因为技改等原因进行过多次电缆敷设，控制电缆存在受拖拽等施工影响造成外表皮破裂、绝缘屏蔽层裸出等情况。

（2）TSI控制柜内旧TSI 3300控制系统电源一直处于合闸状态，旧控制系统未完全退出运行状态。动力电缆与控制电缆经过同一槽盒，对信号控制电缆存在一定的电磁干扰现象。

（3）后续新增系统改造时由于施工空间受限，因此在电缆夹层敷设有主要辅机高压变频电缆并存在一定的电磁噪声，影响TSI信号传输。

在上述异常情况发生时，TSI转速及盖振信号受到现场不明干扰信号源干扰，电磁干扰作用明显，出现振动测点单向幅值波动。当电磁干扰现象严重时，导致振动测点载波电压及转速探头施加电压超出阈值范围，触发“Not OK”报警，致使 DCS 系统出现上述事件现象。

【防范措施】

1. 对电子间区域加强管理，禁止携带无线通讯工具进入电子间，减少人为干扰。

2. 严格按照厂家要求对 TSI 控制系统信号电缆进行单端屏蔽处理，TSI 接地检测纳入每年接地网检测项目。

3. 考虑到 TSI 所用电缆使用年限较久，结合检修计划进行成批更换。

4. 对电缆夹层应进行扫频监测，对信噪干扰较大的区域，对桥架应增加屏蔽隔离措施。

3

机务典型事故及异常事件篇

案例 38　焚烧炉五段炉排变形损坏事故

【简述】

某厂 2019 年 A 修期间发现焚烧炉炉排五段炉排大轴、侧板以及其他传动部件均已发生严重的变形，导致炉排传动结构发生卡涩，互相剐蹭，炉排滑动翻动异常。经紧急抢修，最终恢复了滑动功能，保证了炉排能够正常下渣，维持炉排正常运转。

【事故经过】

某厂 2019 年 1 月 20 日焚烧炉停炉冷却后，运行人员检查炉排情况时发现五段炉排的传动结构发生了严重的变形，炉排大轴、安装托辊的支撑板以及支撑整个炉排的侧板均已发生变形弯曲，五段炉排整体结构几乎瘫痪，具体见图 1～图 3，损坏极其严重。

图 1　变形的炉排大轴

图 2　变形的炉排大轴

图 3　变形的侧板

【事故原因】

1. 炉排大轴受高温烟气作用伸长变形。

观察大轴表观情况，不难发现其表面存在明显的高温氧化现象，炉排传动机构一定是曾经出现过严重超温现象故而导致表层发生高温氧化腐蚀。大轴和侧板在受热后膨胀伸长，但由于两端受阻而发生弯曲。炉排大轴和轴承座之间设计有少量膨胀间隙（约 10 mm），大轴总长为 1 965 mm，如果大轴加热后膨胀尺寸大于膨胀间隙后，将会使大轴弯曲。

大轴膨胀伸长量公式如下：

$$\triangle L = aL \times \triangle T$$

式中，$\triangle L$——膨胀伸长量，mm；

$\triangle T$——温度变化量，℃；

L——大轴总长度，mm；

a——线膨胀系数，$℃^{-1}$。

查表得 $a=13.5\times10^{-6}℃^{-1}$，代入上式：

$$10=13.5\times10^{-6}\times1\,965\times（T-20）$$

计算得加热的温度为 395℃时，大轴膨胀量将会完全覆盖膨胀间隙。实际上大轴已弯曲，说明大轴变形时温度远超 395℃。

不妨将测得的大轴弯曲后周长度作为大轴膨胀的最大值。测得最大长度为 1 985 mm，按照上式算得最高温度为 700℃，对应线膨胀系数为 $14.9\times10^{-6}℃^{-1}$。

图 4　大轴间隙，两端相加为 10 mm

2. 大轴被炉排上方逆向向下流动的高温烟气加热伸长。

该厂使用西格斯 750 t/d 往复式炉排炉，采用五台一次风机的配风方式（表 1）。其中 #1～#4 一次风机型号为 VR41S1C0RK1500，依次为 1～4 段炉排供一次风，#5 一次风机型号为 VR46INC0RK1320。五台一次风机共用一根一次风母管从空预器出口抽取经蒸汽空预器加热的一次风，出于节能考虑，其中 #5 一次风机可以切换入口风管抽取环境空气。

表 1　风机基本参数

项目名称	单位	一次风机	
		# 1～#4 一次风机	# 5 一次风机
风机型号		VR41S1C0RK1500	VR46INC0RK1320
风机风量	Nm^3/h	30 000	17 000
风机入口风温	℃	190	190
机械设计温度	℃	230	230
风机全压	Pa	5 100	4 500
出口旋向		左旋 0°	左旋 0°
转速	r/min	1 480	1 480
风机轴功率	kW	88	46

2020 年 2 月 9 日，工作人员观察到 #5 一次风机处于热风状态（图 5），风机电机频率为 10 Hz，风量为 0，风机前后压差为 2.48 Mbar。查风机特性曲线，风机转速降低到 10 Hz 时，#5 一次风机全压约为 1.8 Mbar（180 Pa），而如图所示风机前后压差为 2.48 Mbar（248 Pa），风机前后压差大于风机全压，可以认为流经该风机的气流发生了倒流，而这个反向的流量无法被现有系统测量。

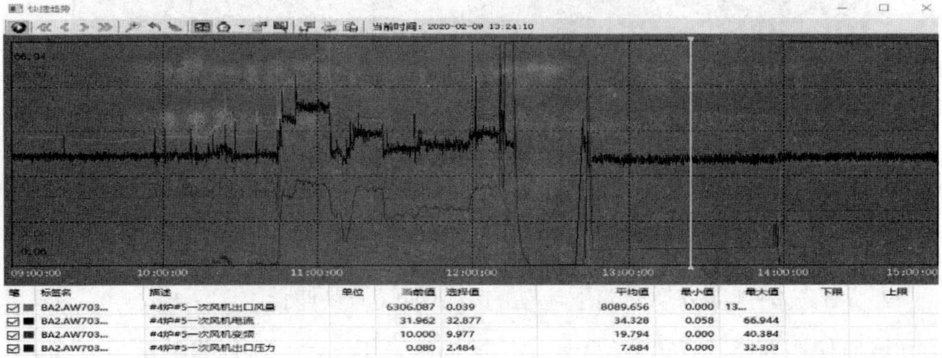

图 5　某时间段 #5 一次风机参数变化

3. 模型分析高温烟气倒流是因为低变频时风机压头不足。

简化模型，把 #1～#4 一次风机假设为一台风机，其特性曲线为四台风机的并联等效曲线，视为风机 A，#5 一次风机视为风机 B，则风机 A 和 B 的特性曲线、并联特性曲线、风阻曲线如图 6 所示。为简化模型，假设风机 A 变频不变，特性曲线稳定不变。

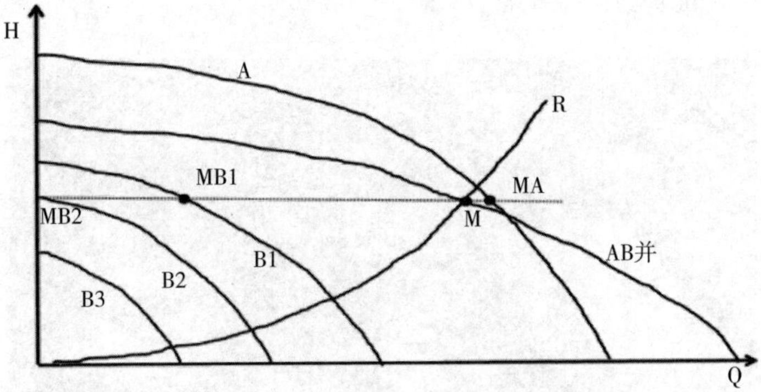

图 6 风机并列运行特性曲线

如图 6 所示，曲线 A 为风机 A 的特性曲线，曲线 B1、B2、B3 分别为高、中、低变频条件下的风机特性曲线。AB 并曲线为风机 A 与风机 B 并联运行的特性曲线，R 曲线为阻力曲线，则 M 为风机的运行点，MA 为风机 A 的运行点。当风机 B 变频全压大于 M 点全压时，风机 B 运行点处于 MB1 点处。当风机 B 全压等于 M 点全压时，风机处于 MB2 运行点，风机 B 的风量为 0，风压静压和全压相等。若风机 B 全压小于 M 点全压时，可能发生气流逆方向流动，风机失速，此时的运行方式对风机有所损坏。

除了风机 B 变频降低导致的风险外，如果风机 A 风量过大或者风道阻力系数增加，也会导致 M 点全压上升到大于风机 B 的全压，导致风机 B 失速。

对于并列一次风机送风的炉排炉，一旦某个一次风机风量为 0 或逆方向流动时，意味着炉排不但得不到冷却，反而可能出现炉排上的高温燃烧烟气穿透炉排间隙被抽到灰斗中，经一次风机进入一次风母管，并由其他一次风机加压，经炉排间隙吹到炉膛中。这个过程存在两个风险，一个是反向流动高温烟气流经炉排传动结构，使炉排传动机构加热变形；另一个是反向流动的高温烟气使炉排结构温度升高，如果油系统油渍滴落在炉排外包围上，可能会被点燃。据悉浙江某垃圾发电厂炉排油系统曾发生火灾。

【处理过程】

考虑检修周期的检修时间跨春节的限制，立即安排人员拆卸后在某厂本地找加工厂家代为加工损坏最为严重的大轴及其他部件，在资源有限的情况下优先恢复滑动炉排，保证炉排下渣正常（图 7、图 8）。

图 7　拆除炉排大轴

图 8　安装大轴

对于卡涩的炉排大轴，通过打磨、切割等方法，分离互相摩擦卡涩的结构，使炉排结构恢复顺畅。

【防范措施】

某厂焚烧炉五段焚烧炉排大轴变形主要是由于#5一次风机在低变频时压头过低，导致无风甚至出现炉排上焚烧垃圾产生高温烟气逆向流动的情况，使该段炉排得不到冷却。

为了避免再次出现类似问题，应当做到以下几点：

1. 风机应设置风量控制，通过变频跟踪风量设置值控制风量，保证风量正常，尽量避免通过设置固定变频的方式运行。

2. 运行人员监盘时应注意观察风量，及时发现风量不正常并调整。

3. 设计上应尽量避免设置多个风机共用一个入口母管，可以采用一台一次风机为全部炉排提供一次风的方案，但是应当与炉排矩阵控制配合，至少应当让运行压头远低于其他风机的风机可以单独从其他来源取风，比如上述某厂的设计#5一次风机可改为吸取环境风。

4. 如果由于设备运行的需要必须设置多个风机共用一个入口母管时，应设定相应的热工保护措施，避免风机在失速区运行。

5. 应当安装并维护好炉排温度测点，监视并确保炉排本体结构能够得到充分冷却，在温度高于设定值时增加一次出风风量，进行有效冷却。

案例 39　焚烧炉给料炉排回退卡涩事件

【简述】

某厂焚烧炉为西格斯炉型，机械顺推往复式炉排，单台焚烧炉处理能力为 750 t/d，单台炉共 6 组给料炉排，给料炉排总宽度为 12 600 mm，炉排行程范围 0～2 000 mm，液压油缸工作压力为 10 MPa。

正常运行期间给料炉排行程调整为 600～1 300 mm。2019 年 8—12 月，给料炉排回退卡涩情况多次发生，主要是第 3 列和第 5 列发生卡涩。给料炉排在回退过程中卡涩点集中在行程为 680 mm 和 1 100 mm 这两个位置。

给料炉排卡涩后使用手拉葫芦可轻松将给料炉排拉动并自动后退到起始点，有时自动后退到 680 mm 左右会再次发生卡涩。当卡涩发生在 680 mm 时，手拉葫芦也无法将炉排拉回，此时如果停止炉排顺控程序，让炉排回到 0 位后可继续正常运行。

【事故经过】

以焚烧炉给料炉排第 5 列为例。给料炉排前进时，电磁换向带电，阀块上指示灯亮；给料炉排回退时，电磁阀失电，阀块上指示灯灭。第 5 列给料炉排卡涩在 1 100 mm 处时，就地电磁换向阀（二位四通换向阀）处于失电状态，但观察阀芯并未完全回退到位。使用手拉葫芦拉动炉排后退时，电磁换向阀阀芯缓缓到位（图 1）。

当炉排回退卡涩在 680 mm 处，使用手拉葫芦就不易将炉排拉回，若直接停止顺控程序，让全部炉排回到 0 位，可使给料炉排恢复正常运行；若炉排卡涩在 1 100 mm 处时，此种方法不能使炉排恢复正常运行，但该列给料炉排多数时间卡涩在 1 100 mm 的位置，此种情况均要使用手拉葫芦将其拉回，才可使给料炉排退回到起始点位置。

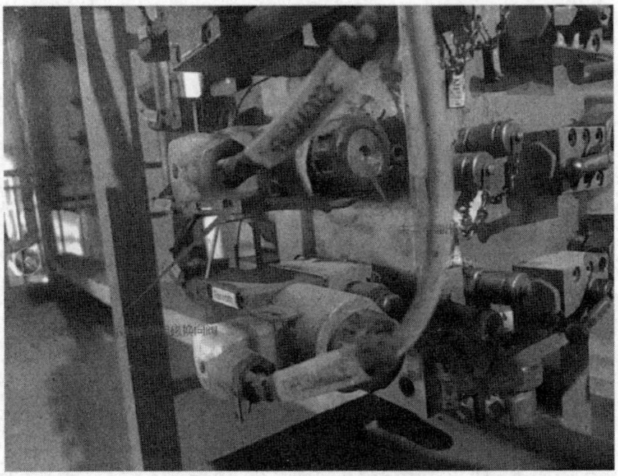

图 1　给料炉排阀块

给料炉排回退卡涩时，阀块进油口 MP 处压力为 10 MPa，回油口 MT 处压力为 0，液压缸油管 MA 处压力为 0，MB 处压力约为 8 MPa（图 2）。

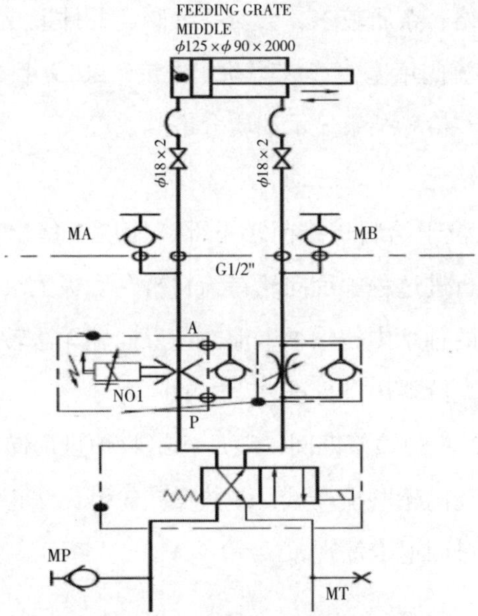

图 2　给料炉排液压系统示意图

【事故原因】

1. 给料炉排行进过程中发生偏移。

给料炉排在行进过程中会发生微小偏移，若给料炉排导向轮未正确安装，那么容易使相邻的给料炉排在行进过程中发生摩擦、碰撞，致使行进过程中的阻力增大，使炉排发生卡涩。

2019 年 10 月，该厂对给料炉排导向轮使用水平仪重新进行定位，调整给料炉排导向轮横向、纵向位置。同时针对运行过程中给料炉排前端下沉的现象，调整给料炉排前端导向轮的高度，调整结束后试运行正常，但在随后的运行过程中仍出现给料炉排回退卡涩的现象。

2. 电磁换向阀故障。

电磁换向阀内部因部件磨损或油质较差使阀芯卡涩，导致换向阀发生故障不能正常工作。根据给料炉排卡涩时换向阀的状态，运行人员怀疑换向阀发生故障。2019 年 11 月，该厂对给料炉排第 5 列电磁换向阀进行更换，更换后仍出现给料炉排回退卡涩现象。

3. 液压油油质不合格。

液压油油质不合格，杂质较多，会对各种阀类元件造成危害。污染颗粒可能会引起滑阀卡死或节流阀堵塞，造成阀动作失灵。2019 年 11 月，该厂对液压站液压油进行取样化验，检验结果显示油质合格。

4. 给料炉排反向轮无法正常转动。

给料炉排反向轮位于给料炉排前端下部，使用 4 套 M20 × 80 mm 的螺栓将给料炉排固定，炉排行进过程中反向轮在给料平台底板上滚动。由于给料斗中的渗滤液易进入反向轮的轴承中使轴承卡涩，让反向轮无法转动，长时间运行将使反向轮磨损变形，增大给料炉排行进过程中的阻力。

2019 年 12 月末，停炉检修期间，该厂将给料炉排反向轮全部进行更换（共计 12 个），更换掉的反向轮磨损严重，多数反向轮已无法正常转动。反向轮更换后，给料炉排未出现过回退卡涩现象。

【防范措施】

1. 定期对给料炉排导向轮重新进行定位，调整各给料炉排间的间距，防止给料炉排行进过程中出现摩擦、碰撞等现象。

2. 定期检查给料炉排各导向轮、支撑轮运行状态，若滚轮无法转动则在线进行更换，确保各部件稳定运行。

3. 日常巡检过程中观察给料炉排电磁换向阀状态是否正常，必要时应对阀块处各测量孔的油压进行测量，以判断电磁换向阀是否正常运行。

4. 定期对液压站液压油进行油质化验，确保液压油油质合格。

5. 根据给料炉排反向轮的使用寿命，在停炉检修期间对给料炉排反向轮全部进行更换，降低给料炉排在行进过程中的阻力。

案例40　给料炉排严重卡涩事故

【简述】

2017年4月28日10∶30，某厂发生#1炉一段给料炉排严重卡涩事故，导致焚烧炉解列，报一类故障。经处理，#1炉给料炉排于4月29日02∶27基本疏通，左侧墙焦块脱落，给料炉排正常推出。专工通知运行夜班提升负荷，最终于03∶20完成处理，拆除给料炉排内部手拉葫芦，恢复现场。现将事件经过、处理过程、原因分析、防范措施等报告如下。

【事故经过】

2017年4月28日07∶45，某厂司炉人员正常烧炉，现场看火时发现焚烧炉膛左侧墙一段焚烧炉排上方挂着1 500 mm×900 mm×500 mm的不规则焦块，因为无法处理，只能等待焦块被高温灼烧后自然脱落。此时正常焚烧调整，保持负荷75 t/h，10∶30，DCS系统突然报警给料炉排行程错误，运行人员检查发现一段给料炉排在行程801 mm处几乎不动，其他的在进程1 000 mm处，运行人员立即报告值长并通知锅炉维护人员，安排人员到给料炉排及看火平台。经检查，发现垃圾被焦块挤压住，无法掉落在炉排上部，因此初步判断为炉膛焦块卡涩导致。

处理情况：10∶32，值长在确认给料炉排机械卡涩后，安排司炉立即降低风量及炉排动作，保持最低负荷运行，同时通知锅炉工程师，设定炉排行程至1 600 mm，协调检修人员挂5 t手拉葫芦至给料炉排前端，手动增加外力强制推动给料炉排，整个过程非常艰难。12∶25，一段给料炉排行程至930 mm处，而后几乎无法拉动，应该是垃圾完全抵住了焦块，导致阻力增加。

13∶00，维护人员增加一组5 t葫芦继续往前拉，此时相对之前轻松较多。14∶35，一段给料炉排行程至1 592 mm，但是前端仅有部分垃圾掉落在给料台，垃圾依然和焦块紧紧咬住，现场形势严峻，炉膛内部几乎烧空，负荷无法保证，事故停炉。

14:50，一段给料炉排已经到达最大行程，而焦块岿然不动，于是维护人员开始尝试五段全部退回，手动设定给料炉排速度为 5 mm/s，利用给料炉排最大动力撞击给料平台前部垃圾，但是发生了更糟糕的状况，15:06 一段给料炉排行程至 1 260 mm，二段给料炉排行程仅至 832 mm，受挤压的一段给料炉排影响了二段给料炉排，导致二段给料炉排卡涩，于是决定把二段给料炉排拉通，挂 2 个 5 t 手拉葫芦一起拉动，最终于 19:30 拉通，二段给料炉排前部垃圾全部掉落至炉排上面。

19:35，锅炉工程师去炉膛侧墙检查预留孔是否可以使用撬棍敲击焦块，尝试之后发现一无所获，最终决定只能通过强制挤压才能让焦块脱落，最终彻底解决此次给料炉排卡涩故障。经过十几个人的持续不断努力，29 日 02:15，工作人员听到炉膛重物落下的声音，挤压的垃圾全部滚落。02:27 一段给料炉排行程至 1 600 mm，至此，五段给料炉排全部推至最大行程。

03:20，把给料炉排退回来重推 2 把，动作完全正常，给料炉排恢复正常并保持 0～1 000 mm 运行。维护人员准备从看火孔打碎焦块的后续工作，防止大型焦块卡涩炉膛落渣井，而又发生另外一起事故。09:15，焦块被分解成 4 份，顺利排入出渣机，该厂此次给料炉排卡涩事故安全顺利解决。

【事故原因】

直接原因：该厂左侧一段焚烧炉排侧墙结焦，焦块强力附着在炉墙，给料炉排推出垃圾时被焦块挡住挤压，无法往前推动，而结焦原因如下：

1. 该厂垃圾实际热值超过设计值，达到额定垃圾处理量时平均蒸发量为 80 t，导致炉膛温度高，竖直烟道温度经常性的达到测点的上限 1 122℃。

2. 垃圾热值波动较大，燃烧状况急剧变化，灰熔点是结焦的重要影响因子。垃圾焚烧炉的灰熔点一般为 950℃左右，锅炉负荷降低时，炉膛热负荷较低，机械未完全燃烧成分变大，还原性氛围变大，灰熔点变低（降低 200℃），相对于氧化氛围，炉内熔化飞灰量急剧增加，炉墙附着粒子概率增大使结焦加剧。负荷上升时会发生富氧燃烧，氧化氛围增强，灰熔点升高，低负荷时附着于墙壁的灰迅速固化。灰熔点反复波动的情况使得结焦一层层覆盖扩大。

3. 炉膛经常性偏料，特别是向左侧偏料，因为没有垃圾堆在炉排上面，从而导致炉膛左侧一、二段的温度偏高，而遇到这种情况时司炉人员习惯性地狠压风（左侧一、二段风门开度为25%～50%），由于风量少，有时垃圾落到焚烧炉排上时燃烧不完全，就会产生较多的还原性气体，大大降低灰熔点，加重结焦。

4. 一次风温高，一、二段风量较大，部分时间段焚烧炉内垃圾燃烧区域集中在一、二段焚烧炉排处，提前形成高温燃烧点，导致侧墙和焚烧炉排上方墙壁易发生小面积结焦，后续就像滚雪球，焦块逐渐变大，最终影响给料炉排。

5. 出口氧量偏低。富氧燃烧可有效提高灰熔点，减少机械未燃尽率。

可能原因：垃圾含有渗滤液，有的垃圾包含很多建筑垃圾，其密度大、相互凝结包裹，这些情况都会使给料炉排无法推到位。

【防范措施】

1. 控制火焰着火点后移，风量调整过程中，一段风量分配比例应固定为17%，二段风量比例根据垃圾干燥情况确定，一般为18%～20%，以保证垃圾在三、四段焚烧炉排燃烧，其余各段风量按实际燃烧情况调整，同时值长应加强司炉人员燃烧管理调整，严格控制火线后移至三段与四段之间。

2. 各司炉人员应提高对焚烧炉燃烧调整的重视程度，由当班值长领导，主值直接负责、监督各司炉人员之间加强沟通，增强责任心，提高执行力。各值司炉应每个月提交一份烧炉总结报告，内容包括燃烧心得和4台焚烧炉状况等。

3. 保证出口氧量，一般应为6%～8%。稳定焚烧工况，合理配置#5一次风机风量和二次风量，保证水平烟道出口氧量。#5一次风及二次风都为冷风，合理配置可保证富氧燃烧，保证炉膛热负荷稳定，#5一次风可有助于减轻焚烧炉结焦，二次风有助于二次风后水冷壁、水平烟道受热面结焦。

4. 停炉时应彻底清理炉墙焦块，修复侧墙损坏耐火砖，保证炉墙干净整洁，延长结焦初期时间。

5. 改变风冷炉墙结构，包括一段炉墙也应进行风冷，增加炉墙冷却风机出力，保证出口风温低于270℃，降低炉墙表面温度。

6. 应彻底将耐火材料炉墙改造为水冷壁包墙结构，通过水冷壁吸热来极大降低周围烟温，将其控制在灰熔点以下，杜绝结焦。

7. 给料炉排油缸内部应增加一套液压装置，设备出现卡涩时进行切换，工作压力从 100 bar 提升至 240 bar，提升给料炉排动力，减短故障处理时间。

8. 应制定给料炉排卡涩事故处理方案，在事故发生时按照最科学的方案执行处理，防止事故扩大，见附件 1。

附件 1

给料炉排卡涩事故应急处理方案

序号	专业	处理步骤
1	运行	司炉人员发现给料炉排卡涩时，应立即通知检修人员就地检查，如果依然在缓慢往前行走，设定行程至 1 600 mm，在保证燃烧的条件下，可一直自动行走（或者调整液压站出口压力至 120 bar），尝试自动推通
2	运行	调整锅炉负荷，保证主汽温度
3	运行	通知垃圾吊操作员换区，不要投入底部垃圾（含水量大、易结包），换为上部或中部垃圾。在事故处理过程中，维持低料位（给料盖板以下）
4	检修	就地检修人孔观察给料炉排推料小车是否推动正常，有无偏斜，跑出轨道、导向轮损坏卡涩、液压缸漏油等。看火孔观察侧墙有无结焦，给料炉排前端能否正常下料
5	运行	如果炉排动作正常，将行程改回 1 000 mm，恢复自动；一旦确认某一侧给料炉排卡涩，推不出，立即通知锅炉检修班组主管，动员维护人员，准备 10 t 的手动葫芦待命。本次炉排推出后绝对不能退回（如果征得就地维护负责人或锅炉专工同意，为垃圾崩住无法到位，可最大速度撞击垃圾一次），以防来回行走几次后，垃圾越卡越死，更难处理，现场运行人员全程监护，防止炉排突然动作伤人
6	检修	事故处理现场总指挥为锅炉维护主管，事态严重时项目部领导须在场，专业工程师指导。根据现场情况，判定炉排卡涩原因。如为垃圾结包，拉通该侧给料炉排。如为侧墙结焦，将给料炉排停在 1 000~1 500 mm 位置，确保给料小车无偏斜脱轨，关闭该段给料炉排进回油阀，并拉通相邻的给料炉排，确保另外五段给料炉排正常动作。在放置葫芦或有异常情况出现，应立即关闭手动隔离阀；拉葫芦时，联系主控发出炉排前进指令，所有油阀打开并做好个人安全防护
7	运行	密切注意各侧给料炉排的行程，保证所有给料炉排的行程不超过 1 600 mm，SIGMA 界面设定。特殊情况，可根据专工及检修要求推至 1 800 mm
8	运行	注意维持主汽参数。如有异常，汇报领导，执行相应操作
9	检修	机务人员开始人工拉手动葫芦，让卡涩给料炉排继续前进，直到行程达到 1 600 mm 或垃圾全部落下
10	运行	运行人员此时一定要密切注意卡涩侧给料炉排的行程、变化速率，保持与检修人员密切联系
11	运行	垃圾一旦被推通畅，此时处于被短接前进指令的卡涩侧给料炉排可能出现行程变化速率突然加大，一旦发现速率突然加大，就地立即手动关闭进回油阀

续表

序号	专业	处理步骤
12	检修	卡涩给料炉排到达最大位置后，前端垃圾落下，拆除葫芦，检修人员撤出。将给料炉排进回油阀打开，通知运行人员，DCS 上操作退回给料炉排，就地观察给料炉排退回情况，观火孔观察下料情况
13	检修	如无好转，重复本方案中 5～11 步骤，直至给料炉排动作正常，下料正常
14	运行	就地观察确认给料炉排运动正常，2 周期以上行程 1 600 mm 无卡涩状况，下料正常
15	检修	交付运行，收拾现场杂物、工器具，加强巡检

案例41　除渣机内摆臂断裂事故

【简述】

2020年2月18日04：00，某厂发生因#2炉右侧除渣机左侧大轴内摆臂焊缝断裂导致除渣机不能正常推出的异常事件，出渣机堵渣严重。经维护人员紧急处理，2020年2月18日18：00#2炉右侧除渣机恢复正常运行。

【事故经过】

2020年2月18日04：00，某厂运行人员发现该厂#2炉右侧除渣机无法正常推出，故障报警，液压油缸只能往前推出100 mm左右，维护人员立即检查除渣机大臂紧固和推枕螺栓，发现右侧轴承座有1根螺栓断裂，2根螺栓弯曲，于是维护人员迅速判断原因并立即通知运行人员停止5、6列翻动炉排运行，将右侧炉底输灰机#1～#6插板阀关闭，发现插板阀均无法关闭，于是通知运行人员将5、6列翻动炉排减少滑动，但右侧炉底输灰机依然正常运行。检修人员更换断裂的螺栓，对弯曲的螺栓丝牙进行修复，并重新安装螺栓后，就地手动试推除渣机，发现除渣机仍然无法正常推出，推出行程并没有发生改变。

18日08：00，运行人员通知锅炉专业工程师在排除螺栓断裂的原因后，初步估计除渣机滑枕与箱体出现硬物卡涩，导致除渣机无法正常推出，并安排锅炉检修人员进入除渣机内部挖渣，将内部灰渣全部清除，并取出硬物。18日13：40，清空内部积渣后，运行人员尝试重新推出除渣机，但未见任何改善，只能重新检查内摆臂内部情况。14：15，运行人员发现除渣机左侧大轴和滑枕推臂的焊缝出现脱焊，并露出一条裂缝，通过进一步检查，除渣机左侧轴承座固定块出现了移位，同时除渣机滑枕没有处于中间位置，而出现偏移并偏向右侧，运行人员安排检修人员对该焊缝进行补焊，补焊完毕后将焊接筋板加固，再用千斤顶将滑枕复位，处理结束后将除渣机切回远方运行，同时通知运行人员恢复5、6列翻动炉排运行，现场图片如图1～图3所示。

图1 断裂的高强度螺栓

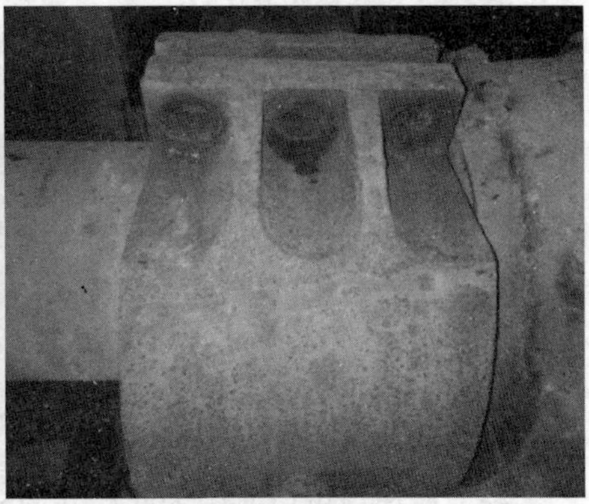

图2 松脱的摆臂

图3 断裂的内摆臂痕迹

【事故原因】

通过此次事故，该厂对除渣机进行整体检查，发现#2炉除渣机出现以下问题：

1. 左侧轴承座有一定位块出现偏移（图4）。

2. 除渣机滑枕中心偏移，滑枕与箱体两边的间隙不一致，偏向右侧；滑枕长时间偏向右侧运行，左侧落渣井筋板已被摆臂碰变形。

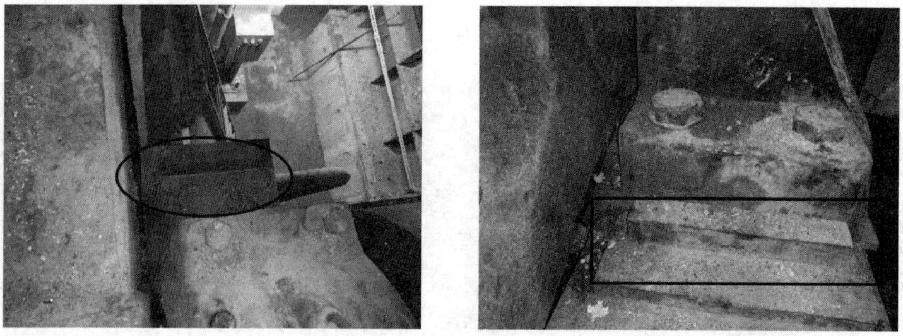

（a） （b）

图4 定位块发生轻微变移

综上所述，可以判断为此次除渣机无法正常推出的主要原因是右侧轴承座底部钢板出现位移（可能出厂安装错误），导致左右两侧的间隙不一致，滑枕中心点偏移，右侧摆臂与除渣机内侧壁一直摩擦，液压站的液压油经过液压缸推动大轴进行往复运动，滑枕摆臂受力不均，且右侧除了克服灰渣阻力外，还要长期承受摆臂与内侧壁的摩擦力，长期运行中，最终导致了左侧大轴和摆臂之间的焊缝受力过大脱焊、焊缝处断裂，并且该除渣机轴承座和滑枕螺栓经常断裂也是由于该问题所导致。

【防范措施】

1. 检查锅炉区域所有出渣机，重新调整除渣机摆臂与本体内壁的间隙，保证左右一致并维持在 8～10 mm。紧固轴承座螺栓，防止发生松动。

2. 加强锅炉检修人员的巡检质量。安排检修人员每天白天、晚上对除渣机大臂螺栓、滑枕螺栓进行全面紧固，并记录在除渣机巡检单上；同时，对除渣机摆臂端盖、轴承座地板、摆臂焊缝均需定期检查，全面掌握除渣机的具体情况。

3. 联系设计单位和生产厂家对除渣机的整体设计、额定设计除渣量、强度计算书、生产安装质量进行整体的合理评估和检查，并出具纸质报告，另外应给出出厂间隙参数、试运行报告。

4. 所有除渣机大轴摆臂焊缝在检修时都应制订相应的检测计划，并进行磁粉探伤。

案例 42　除渣机事故

【简述】

某厂除渣机为马丁型，共 4 台，自 2012 年投产到 2016 年，运行较为平稳。自 2016 年开始除渣机由于磨损导致间隙增加，运行不稳定，开始出现故障。随着年限的增加，除渣机的故障发生频率越来越高，2018 年 6 月对滑枕大轴进行更换后仍不能彻底解决问题。2019 年，该厂对除渣机进行重新选型，选择在原形式除渣机并于 2019 年 12 月完成 1 台除渣机的改造，目前新除渣机运行平稳正常，可避免原形式除渣机问题。

【事故经过】

1. 事故记录。

某厂除渣机自 2016 年开始由于磨损导致间隙增加，运行不稳定，并开始出现故障，随着使用时间的增加，故障发生频率越来越高。通过对 2018 年全年统计发现，2018 年全年日志记录中除渣机出现回退不到位的次数为 46 次，除渣机拐臂断裂次数为 24 次（表 1）。并且由于除渣机轴端漏水，导致现场无法清理，环境极差。

表 1　除渣机拐臂与大轴断裂记录

#1 炉左侧		#1 炉右侧		#2 炉左侧		#2 炉右侧	
时间	故障内容	时间	故障内容	时间	故障内容	时间	故障内容
2018-02-09	右侧滑枕抱臂脱落，补焊加固	2018-01-30	拐臂脱落进行处理	2018-02-08	右侧滑枕拐臂抱枕脱落，补焊加固	2018-03-09	左侧拐臂与大轴连接处脱焊，滑枕上连接板都变形，进行处理
—	—	2018-02-04	两侧滑枕拐臂脱落断裂，补焊加固	2018-06-26	左侧拐臂有轻微脱焊，补焊处理	2018-03-11	左侧拐臂补焊处脱落，进行处理

续表

#1 炉左侧		#1 炉右侧		#2 炉左侧		#2 炉右侧	
时间	故障内容	时间	故障内容	时间	故障内容	时间	故障内容
—	—	2018-02-18	摆臂断裂，进行补焊加固	2018-10-14	#2 炉除渣机滑枕上部挡板及侧板修复加固处理	2018-03-18	左侧拐臂与大轴连接处断裂，进行补焊加固处理
—	—	—	—	—	—	2018-04-24、2018-07-11、2018-07-12	滑块连接处断裂，进行补焊处理
—	—	—	—	—	—	2018-05-06、2018-06-14、2018-06-20	右侧拐臂后部抱臂脱裂，进行补焊处理
—	—	—	—	—	—	2016-06-13、2016-06-16、2018-06-21	左侧拐臂断裂，补焊加固
—	—	—	—	—	—	2018-06-26、2018-07-02、2018-07-05	左侧拐臂断裂，补焊加固
—	—	—	—	—	—	2018-08-31	回退不到位，割除后部刮板
次数	1 次	3 次		3 次		17 次	
合计：24 次							

2. 处理方式。

除渣机回退不到位的处理方式为用水冲洗除渣机，采用高压水枪或人工将除渣机尾部的积渣清理干净，然后恢复正常，一般处理时间为 2～4 h。处理期间除渣机水封无法维持，可正常推渣。

除渣机拐臂大轴断裂处理方式为重新打磨定位焊接，处理时间为 4～30 h。处理期间除渣机水封无法维持，需人工清渣。最严重的情况是除渣机双侧拐臂断裂，油缸动作，且除渣机来回信号正常，但由于内部滑枕已脱落在最前端，除渣机堵灰至炉底漏灰输送机跳闸后才能被发现。此情况出现过两次，每次处理时间都在 30 h 以上并且伴随着炉底漏灰输送机跳闸。由于受力较大、现场焊接条件较差、加固空间不够等原因，除渣机焊接处理后的拐臂强度仍然不足且运行不稳定，这对锅炉的正常运行产生了较大的影响。

3. 部分事故情况图片如图 1～图 4 所示。

图 1　大轴拐臂处断裂

图 2　拐臂与滑枕连接固定块处断裂

图 3　变形的箱体

图 4　大轴处磨损后密封不严

【事故原因】

根据历次事故现场情况结合除渣机图纸结构分析，发现目前某厂使用的马丁型除渣机存在以下问题：

1. 拐臂受力较大，存在较多的薄弱点。

目前马丁型的除渣机油缸通过大轴与拐臂将力传导至滑枕，正常运行时拐臂来回受力，螺栓、焊缝等处容易产生疲劳，在出现卡涩时容易断裂。

2. 轴瓦位置离水面较低，轴瓦磨损严重。

目前马丁型的除渣机大轴下端轴瓦处与除渣机正常水位距离仅为 75 mm，除渣机水位在来回运动过程中，必定会上涨至轴瓦处。除渣机内的水含有较多的颗粒物杂质，会对除渣机轴瓦磨损产生严重影响。按照厂家建议，该形式除渣机轴瓦寿命为 6 个月，建议 6 个月更换一次轴瓦。如果更换频繁，大轴位置不容易保证。

3. 滑枕定位依赖于轴瓦位置与拐臂，风险较大。

除渣机滑枕的定位依赖轴瓦与拐臂，在轴瓦磨损、轴瓦固定件松动、拐臂变形的情况下，滑枕无法保证原位置往复动作，会与除渣机壳体造成磨损与挤压，形成较大阻力，进一步地增加故障率，并且造成的壳体变形基本无法修复。

4. 下渣口角度较缓，下渣口两侧容易板结。

马丁型的除渣机下渣口坡度较缓，坡度为 49°，造成下渣口两侧容易板结。板结量增多后容易造成下渣不畅，因此需要定期清理。该厂清理频率基本为每周每台除渣机下渣口清理一次。

【处理措施】

根据分析的除渣机情况 ，某厂计划对除渣机进行改型更换。由于该厂出渣机改型属于改造项目，根据各除渣机尺寸对比（主要是除渣机中心线到渣池边缘的距离），选择了茌原形式的除渣机进行改造，在 2019 年 12 月，改造一台，改造后使用至今效果良好。

各种形式除渣机对比形式见图 5～图 9 和表 2。

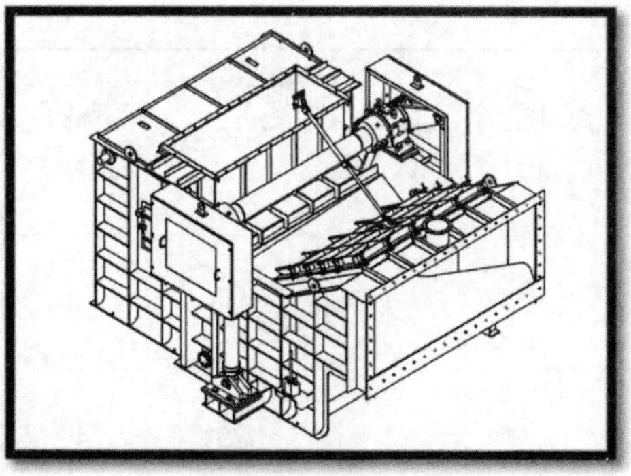

图 5　西格斯 CHA-01

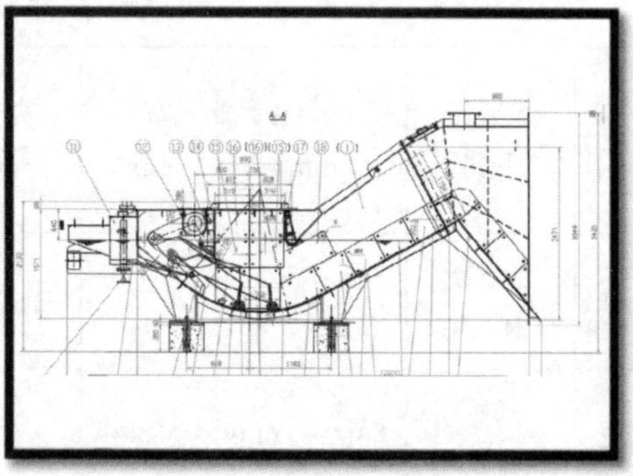

图 6　马丁 CZ.200

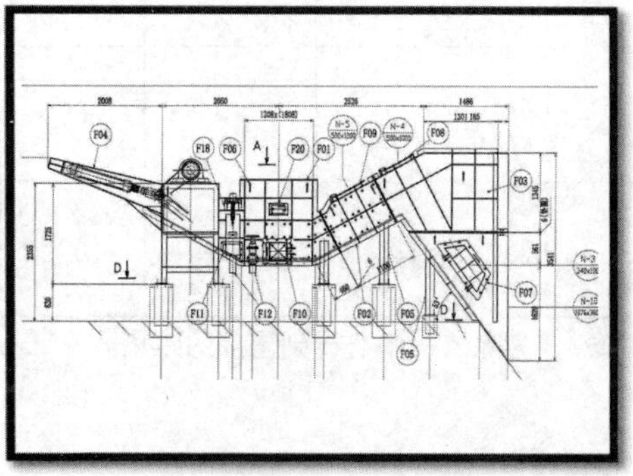

图 7　荏原 HJY17

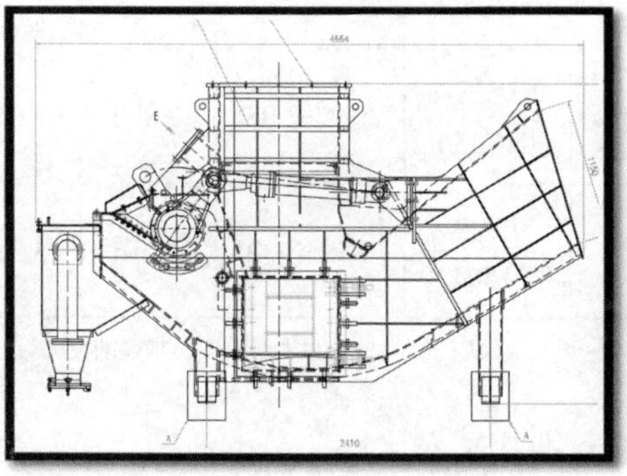

图 8　重庆三峰 INC350

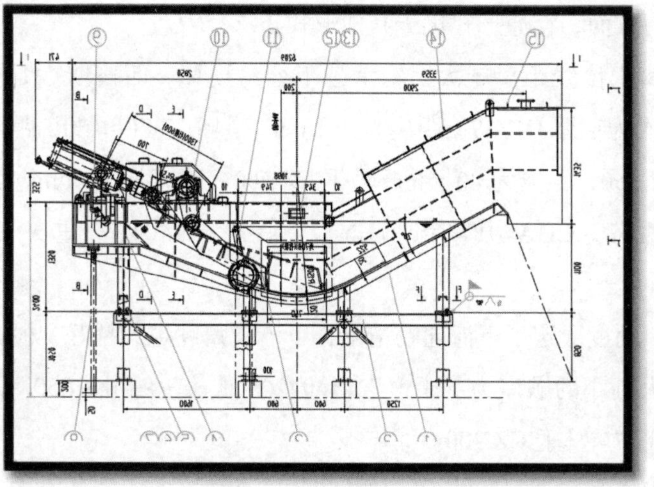

图 9　康恒 XT140420

表 2　主要性能对比表

序号	除渣机形式	长（A+B）/mm	宽 /mm	高 /mm	总吨位 /t	油缸个数 / 根	轴承离水位线距离 /mm	下渣口角度 /°
1	西格斯 CHA-01	3 907+1 975	4 771	2 928	21.20	2	834	60
2	马丁 CZ.200	4 303+2 660	2 582	2 130	11.57	2	75	49
3	荏原 HJY17	4 012+4 058	2 188	2 790	11.58	2	751	55
4	重庆三峰 INC350	3 065+2 055	2 890	2 651	12.86	2	80	69
5	康恒 XT140420	3 359+3 321	2 216	3 385	10.75	1	248	69

注：长度 A 为除渣机中心线到渣池边缘的距离；B 为除渣机中心线到尾部的距离。

对比结果：

1. 其中荏原 HJY17、康恒 XT140420 的除渣机油缸直接推动滑枕，拐臂与大轴仅仅起到导向定位作用；另外 3 种形式的油缸均通过拐臂将推力传至滑枕。在拐臂大轴受力方面，荏原形式优于其他形式。

2. 轴承离水位线距离越大，轴承越不容易损坏。西格斯 CHA-01 最高，为 834 mm，其次为荏原 HJY17，距离为 751 mm，康恒 XT140420，距离为 248 mm，重庆三峰 INC350，距离为 80 mm，马丁 CZ.200，距离为 75 mm。优劣势比较从大到小为：西格斯 CHA-01＞荏原 HJY17＞康恒 XT140420＞重庆三峰 INC350＞马丁 CZ.200。

3. 下渣口角度决定了下渣通畅情况，下渣口角度越大越好，根据目前图纸下渣口角度由大到小的顺序为：康恒 XT140420= 重庆三峰 INC350＞西格斯 CHA-01＞荏原 HJY17＞马丁 CZ.200。

4. 除渣机作为一个制作件，其吨位与油缸个数决定了产品价格，根据吨位与个数，其初步的价格从高到低依次为：西格斯 CHA-01>重庆三峰 INC350>茌原 HJY17>马丁 C2.200>康恒 XT140420。

5. 在滑枕的运行定位方式上，茌原 HJY17 除渣机比另外 4 台在除渣底部多了一排导轨，这样滑枕不容易跑偏。

案例 43　垃圾池排水滤网堵塞改造事件

【简述】

某厂建设运行较早，垃圾池排水孔采用在卸料侧开孔，开孔尺寸为0.5m×1.6m，采用百叶式排滤网作为排水滤网。由于垃圾池排水滤网高度仅为1.6m，造成排水不畅，导致自建厂以来垃圾池排水一直存在问题，不仅每年耗费大量人力、物力而且效果也不佳，同时由于积水较多，严重影响入炉垃圾热值，从而不能正常运行。自该厂投运以来垃圾池排水滤网经过多次各种改造，目前垃圾池排水完全正常。

【事故经过及原因】

1. 原排水结构分析。

该厂建成投产较早，原垃圾池排水设置在垃圾池卸料侧，一排共 17 个排水口，每个排水口尺寸为 0.5 m×1.6 m。垃圾池墙壁厚度为 700 mm（图 1、图 2）。

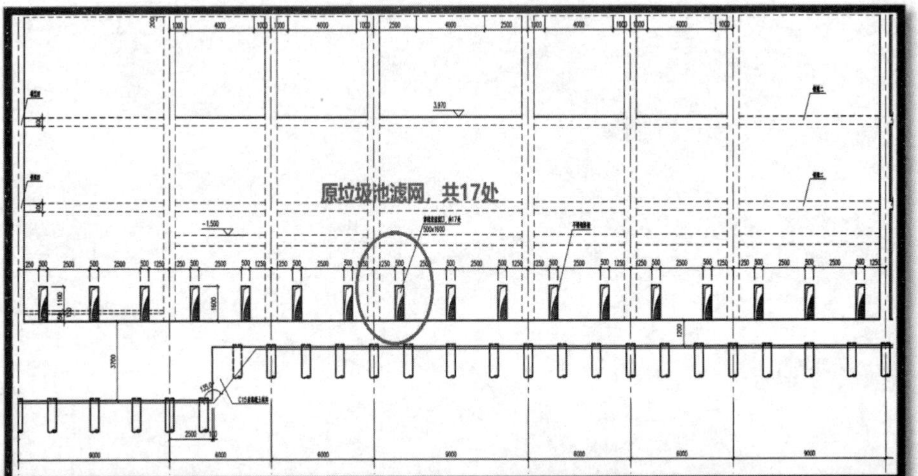

图 1　原垃圾池滤网分布

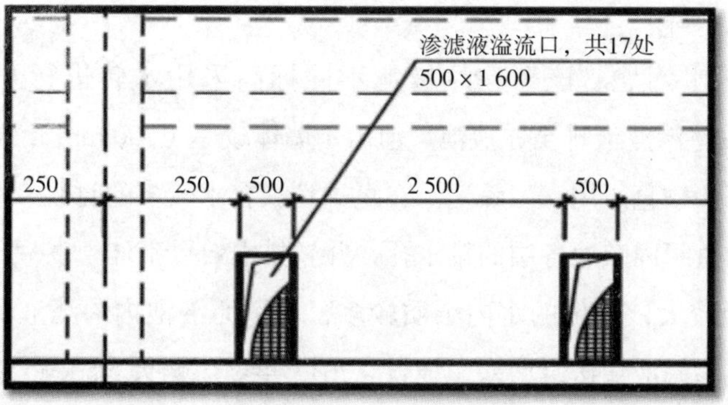

图 2　原垃圾池滤网尺寸

2. 弊端分析。

由于垃圾成分复杂，杂质较多，难免会有大量比重大的垃圾沉积在底部。原结构需要将沉积在底部的垃圾清理走，并将格栅上堵塞的垃圾清理掉，才能保证排水畅通。垃圾在垃圾池内是通过抓斗倒运的，当垃圾池内水较多时，抓斗无法向下捞出水中沉积的垃圾，也就无法达到滤网高度。即使抓斗可以将所有沉积垃圾抓走，但抓斗的抓瓣结构也是无法将滤网表面堵塞的部分垃圾清理掉的。因此原设计结构自从投用开始，就无法满足正常排水的要求。

由于自建厂期一直存在该问题，所以至投产以来，该厂一直在寻求各种解决措施。根据采取的不同方式，大致分为以下几个阶段。

阶段一	2013—2014 年	垃圾池墙壁开孔
阶段二	2014—2016 年	卸料门放泵抽水
阶段三	2016—2017 年	初步改造垃圾池滤网
阶段四	2017—2018 年	垃圾池滤网改造
阶段五	2018—2019 年	滤网优化并配置格栅除污机

【处理措施】

1. 阶段一：垃圾池墙壁开孔。

2013—2014 年，该厂垃圾池排水问题一直存在，由于原设计无法排水，导致垃圾池内水一直较多且水位时常漫至卸料平台高度，垃圾池内垃圾带水严重使炉膛负荷无法维持。

为解决排水问题，该厂在垃圾池不同标高采用水转进行开孔，孔径为 110 mm。可以将渗滤液排至原液池。但由于墙体较厚（700 mm），导致孔内容易堵塞，因此需要一直采用人工疏通。在夏季垃圾含水较多的时候，基本每天需要有人一直在沟道间内疏通各层的排水孔，并且排水效果不佳。

由于孔径较大，排出的水内杂质较多，导致原液池内渗滤液也有很多的杂质，容易造成渗滤液输送泵堵塞、烧毁。2013 年该厂购买 5.5 kW 与 7.5 kW 的水泵共计 4 台，主要用于原液池内渗滤液输送泵的更换。

2. 阶段二：卸料门放泵抽水。

由于排水孔疏通耗费人力太多，在夏季渗滤液高峰期基本是需要有人常驻沟道间排水，并且排水效果也不佳。2014 年，该厂开始采用放泵抽水的方式。具体方法是在卸料门顶部增加卷扬机，并做一个笼子将水泵放入笼子内，在每天垃圾车较少时将水泵放入垃圾池内抽水，在垃圾车来之前提出。一般时间为 18∶00—02∶00。

该方法相对于疏通排水孔效果更好，无较多的杂质，人力相对有所节约。但放入垃圾池的水泵发生故障率较高，故 2014 年购买 5.5 kW 与 7.5 kW 水泵 11 台，主要用于放入垃圾池内抽水。

3. 阶段三：初步改造垃圾池滤网。

2017 年，根据各方了解，发现其他厂垃圾池滤网与本厂结构不同，但排水效果较好。通过分析发现该厂的垃圾池滤网可以在目前的基础上进行改造。于是在 2017 年 12 月，该厂对垃圾池滤网进行了改造。将 #3 卸料门下左右侧 2 个滤网内格栅取消，在其外部做一个大滤网覆盖，大滤网尺寸为 3 m × 3.5 m（图 3）。改造完成之后，前期整体排水效果较好，基本无须放泵抽水。但在夏季垃圾较多时，垃圾池内水位突然超过 3 m 时，垃圾抓斗无法将滤网前清理干净，无法排水。所以每天要求时刻保证滤网前垃圾在 3 m 以下。该方法对垃圾吊要求较高，由于长期对滤网前采用抓斗进行扣底，导致该厂的垃圾池底板被抓毁，底部钢筋全部漏出，因此 2018 年检修时对其进行了紧急处理。并且滤网在运行 4 个月后固定螺杆断裂，导致滤网移位，无法排水，于是该厂在 2018 年下半年仍然采用放泵抽水的方式进行垃圾池排水。

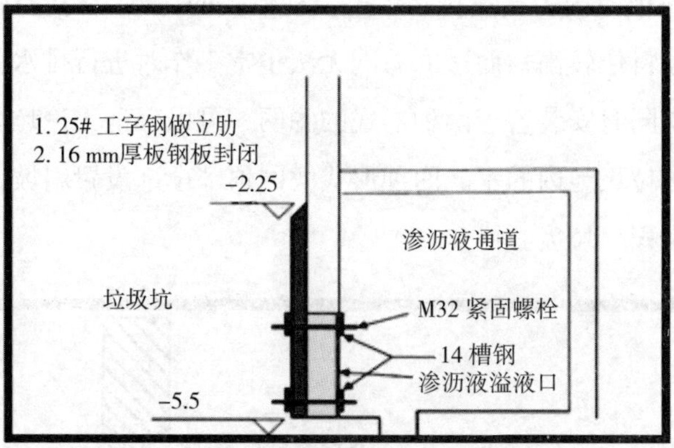

图 3　垃圾坑渗沥液格栅挡板施工示意图

4. 阶段四：垃圾池滤网改造。

通过对 2017 年改造后的滤网运行情况进行分析，发现目前该厂的滤网存在 2 个问题：

（1）滤网高度较矮，导致对门口抓空的要求较高，需长期进行扣底。

（2）固定螺杆为 M32 的偏小。因此对垃圾池滤网进行了重新设计。

新设计方案如下：该方案包括了 2 种不同形式的滤网，2 种滤网可以根据垃圾池结构的不同组合使用，尺寸大小可根据现场实际情况进行一定的调整。

第一种形式滤网主框架采用 25# 工字钢制作，整体宽度较宽，角落采用三角支撑加固。内部使用 C16 与 C10 槽钢做支撑，内部支撑分割后保证每块区域都能有水从原墙壁上预留的小型的垃圾池孔洞流出。网面采用 16 mm 厚钢板制作，钢板间隔 50 mm 开满 ϕ 50 mm 的孔。详细结构见图 4。

第二种形式滤网主框架采用 25# 工字钢制作，整体宽度较窄，内部不设置支撑，网面采用 16 mm 厚钢板制作，钢板间隔 50 mm 开满 ϕ 50 mm 的孔。在钢板中间设置支撑点若干防止变形。详细结构见图 5。

垃圾池滤网竣工示意图见图 6，现场竣工示意图见图 7。两种形式滤网原理一致、结构类似，都是将垃圾池壁上小型孔洞面积扩大，并突出垃圾池墙壁平面。由于滤水面超出垃圾池墙壁，所以垃圾不会在滤网上积存造成堵塞，孔洞面积扩大可以更快地将垃圾池内水排出。第一种形式的滤网结构相对较矮但面积较大，主要保证垃圾池内大流量排水；第二种形式的滤网结构较高，但面积较小，主要防止垃圾池料位较高，而矮的滤网无法正常工作时进行排水。两种滤网组合使用，垃圾池内同时安装若干两种形式的滤网，可以保证无论垃圾池内料位高低时都能及时排出垃圾池内的水。两种形式滤网顶部全部设置斜坡，防止垃圾吊抓斗勾住，并减少积存垃圾。

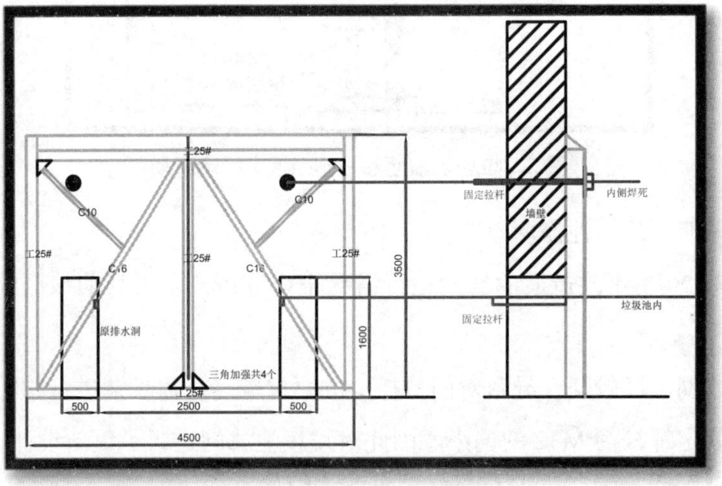

图 4　第一种形式滤网

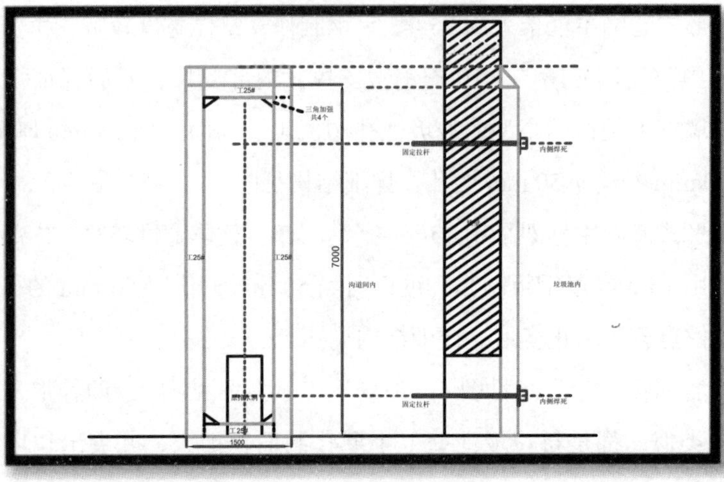

图 5　第二种形式滤网

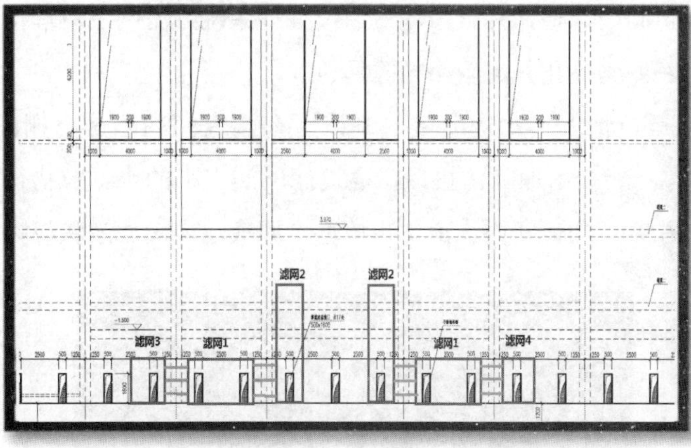

图 6 垃圾池滤网竣工示意图

图 7 垃圾池滤网现场竣工图

2018 年 12 月，该厂根据分析的原因对滤网进行了改造。通过改造后，垃圾池排水效果非常好，全年基本没有放泵抽水。但在运行 4 个月后（2019 年 4 月），垃圾池右侧 7 m 高的滤网出现倾斜，2019 年 5 月，垃圾池左侧 7 m 高滤网倾斜。两滤网全部是向中间倾斜，并且倾斜出现在单侧堆料的时候。经分析，认为是高滤网侧面被垃圾长期挤压导致。

运行人员根据运行情况发现，垃圾池排水较好的同时，沟道间渗滤液沟道堵塞严重。分析原因主要是滤网孔径为 ϕ 50 mm，很多较小的垃圾漏至沟道间内，导致沟道间内沟道堵塞严重，原液池内浮渣严重。因此时常需要安排人员进入垃圾池来疏通沟道间内沟道，并且渗滤液后续处理系统的滤网也清理得更加频繁。

5. 阶段五：滤网优化并配置格栅除污机。

根据实际运行情况，2019 年 5 月，该厂在沟道间内增加格栅除污机一台，除污机间隙为 3 mm。增加除污机后，通过滤网漏出来的小颗粒物得到了有效的过滤（图 8、图 9）。沟道间内沟道不再堵塞，原液池内渗滤液颗粒物减少。

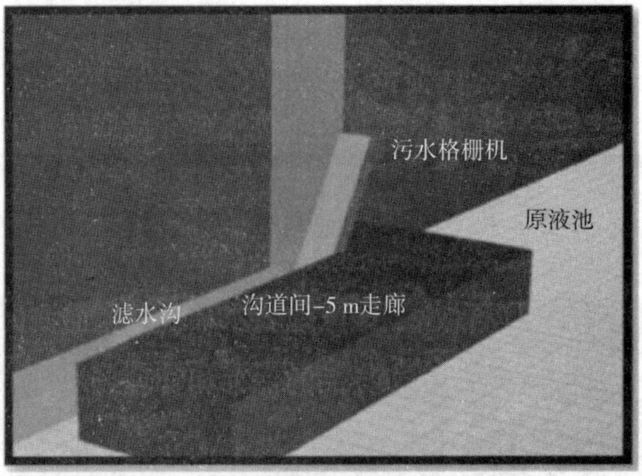

图 8　格栅除污机安装位置示意图

图 9　运行过程中格栅除污机从沟道间捞出来的杂物

回转式格栅除污机是一种可以连续自动拦截并清除流体中各种形状杂物的水处理专用设备，可广泛地应用于城市污水处理、自来水行业、电厂进水口，同时也可以作为纺织、食品加工、造纸、皮革等行业废水处理工艺中的前级筛分设备，是目前我国最先进的固液筛分设备之一。由于该设备结构设计合理，在设备工作时，自身具有很强的自净能力，不会发生堵塞现象，所以日常维修工作量很少。2019 年 3 月，该厂根据沟道间沟渠尺寸定制了一台。

2019 年 12 月，该厂对滤网进行了恢复，将 7 m 高滤网之间连接起来平衡作用力，并在滤网侧面增加斜坡，平衡侧向推力。自 2019 年滤网优化改造完毕后至今运行无异常。

【各阶段对比分析】

2019 年垃圾池最终改造完成之后，排水效果非常好，垃圾吊操作压力小，基本不再耗费水泵，也无须人工疏通与清理。

根据运行情况，对各种排水方式进行对比分析，分析结果见表 1、表 2。

表 1　2013—2019 年水泵消耗表

年份	新水泵			返修水泵			总计
	5.5 kW	7.5 kW	合计	5.5 kW	7.5 kW	合计	
2013	1	3	4	—	—	0	4
2014	1	10	11	—	—	0	11
2015	3	3	6	3	3	6	9
2016	4	2	6	11	2	13	12.5
2017	4	2	6	3	8	11	11.5
2018	2	1	3	13	4	17	11.5
2019	2	0	2	0	0	0	2
	由于使用寿命差别，返修水泵两台折算为一台						

表 2　对垃圾池排水优化改造成果分析

	投资	耗费水泵	其他备件	维护人工	排水效果
墙壁开孔	最少	较多	较少	最多	最差
放泵抽水	少	最多	最多	较多	差
改造滤网	大	多	一般	少	好
优化后滤网	最大	最少	最少	无	最好

案例 44　某厂高速汽轮机减速箱油烟典型治理事件

【简述】

某厂高速汽轮发电机组齿轮箱在运行中所产生的油雾典型事件治理。

【事故经过】

某厂汽轮发电机组采用中温中压、单缸、凝汽式、高转速快装式汽轮机，汽轮机额定转速为 5 500 r/min，发电机额定转速为 3 000 r/min，汽轮机与发电机通过齿轮减速箱连接；齿轮减速箱运行中产生的油雾经油雾排出口排入空气中，造成了齿轮减速箱周边设备污染、地面油滑、设备卫生难以彻底清理等问题，存在火灾、人员跌摔、发电机励磁短路等安全隐患。

【事故原因】

齿轮减速箱在运行过程中，润滑油从进油管道进入齿轮减速箱对齿轮和轴承进行润滑及冷却。当润滑油流向齿轮时，与高速旋转的齿轮发生摩擦会产生大量的热量，使润滑油分子在接触面上发生雾化，经过油雾排出口排入空气中（图 1），并形成精细油雾。齿轮减速箱本体设计有油雾排出口，垂直向上布置，但并未设计油雾收集及防止油雾扩散功能，导致油雾扩散至齿轮减速箱四周及发电机区域。

图 1　油雾排出口直排

【防范措施】

结合现场实际情况研究讨论并与厂家沟通，厂部决定采用油雾净化器进行收集净化处理改良现场环境卫生以确保设备安全正常运行。

油雾收集净化装置原理及安装说明具体如下。

1. 工作原理。

油雾收集净化装置通过电机驱动叶轮将油雾吸入预处理仓，经叶轮离心力聚结原理加速油雾结合，将其转化成为液体状态。装置顶部装有过滤棉，可拦截捕捉细小油雾的扩散，油雾凝结后从油料排出口将液体油品收集。该装置可以保证绝大部分油雾被吸入净化，净化器内部形成的液体油也可以通过油料排出口软管引至指定收集桶内。

2. 通过两年的现场运行情况观察，安装油雾净化器后未对汽轮机及齿轮减速箱本体产生不良影响，各运行参数均正常稳定。此次改造大大减少了齿轮减速箱的油雾污染，改善了现场环境卫生，消除了安全隐患，达到了预期的改造效果（图 2）。

图 2　安装油雾净化器

案例 45　汽缸防爆门泄漏真空事件

【简述】

某厂机组夏季正常运行期间，突发真空泄漏事件，未发生降负荷及设备损坏事故。

【事故经过】

2019 年 7 月 13 日 10∶43，某厂 #1 机组出现真空骤降现象，机组负荷为 13.55 MW，排气温度为 48.36℃，循环水入口温度为 29.29℃，出口温度为 36.45℃，凝结水温度为 44.8℃，真空度由 −88.16 kPa 降至 31.88 kPa，随即备用水环真空泵联启，维持真空在 −87 kPa，届时夏季高温期间，汽机房环境温度为 36～39℃。

该厂当日组织成立查漏小组，生产总监任组长，检修策划部、运行部共同协作。查漏小组首先采用蚊香查漏方法未检查出内漏情况，随后采用土工薄膜包覆方法对所有阀门、法兰、焊口、压力测点、温度测点、仪表管接头等进行全面排查，截至当日 21∶30，查漏小组共检查出 3 处渗漏点：#1 主凝泵入口阀门前法兰渗漏；#1、#2 真空泵入口滤网法兰渗漏，该处垫片存在轻微变形；汽缸防爆门渗漏，该处渗漏较严重。

查漏小组随即对第一处渗漏点进行临时封堵，封堵后渗漏点消除；对第二处渗漏点更换垫片后渗漏点消除；对第三处渗漏点用 2 mm 厚铜板覆盖防爆口，铜板靠后汽缸负压压紧，不影响防爆门动作。3 处渗漏点消除后，真空度在同等负荷下由两台真空泵运行时的 −88 kPa 提升至单台真空泵运行 −91 kPa，现机组运行正常，真空度正常。

【事故原因】

防爆门材质为铝材，厚度 0.5 mm，由于基建期未做好防护，整个防爆门防爆膜表面有凹陷及锈斑情况，凹陷部位材质变形、厚度变小，强度发生变化，最终造成防爆门泄漏（图 1）。

图 1　防爆膜表面

【防范措施】

1. 加强运行及检修人员培训，组织各专业人员学习《防止电力生产事故的二十五项重点要求》、反事故措施等，提高现场事故判断处理能力。

2. 公司内部应组织学习，预防同类缺陷的发生。要求相关部门将同类问题纳入定期检修计划，对发现的问题应及时采取措施，确保机组设备运行安全。

案例 46　支吊架隐患处理事件

【简述】

某厂进行例行监督管理检查时发现该厂的汽机、锅炉区域支吊架存在问题，与设计图进行对比清查后，发现部分安装与设计不符，支吊架部分偏移量过大、松动，给系统长期安全稳定运行带来一定的安全隐患。

【现象及处理】

某厂按照规范对厂内蒸汽管道运行检查时发现，有部分滑动支吊架滑拖严重，部分固定支吊架有松脱现象。具体情况如下：

1. 汽机一抽母管出，滑动支承偏移严重，重心出现改变，受力点脱离了支撑面（见图 1，图 2 为该支吊架设计图纸）。

图 1　支吊架偏移情况

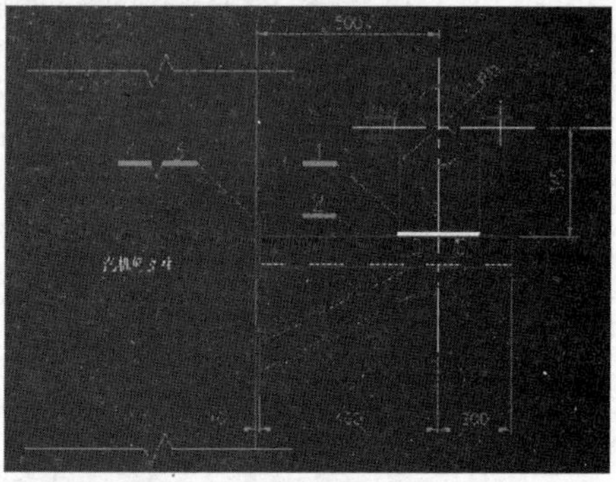

图 2　支吊架设计图

改造措施：要求施工单位按照图纸要求进行偏装，以保障热态时仍能有足够的支撑面（图 3）。

2. 土建单位未按设计图纸施工，存在安全隐患，图纸设计为预埋件固定，现场为膨胀螺丝固定，且部分支吊架出现失效（图 4）。

图 3 改造后热态支撑情况

图 4 结合面上部已出现较大缝隙

改造方案：对于此类膨胀螺丝固定的支吊架，出现失效的情况均需采用抱柱形式加以固定（图 5）。

图 5 改造后加抱柱固定

3. 给水泵入口支吊架弹性支承部分出现失效的情况，由于设计为预埋件固定，实际情况为膨胀螺丝固定，属于未按照图纸施工，部分支吊架存在失效的情况（图 6）。

改造方案：由于位置特殊，此类支吊架无法采用抱柱形式固定，只能对结合面进行加固，图 7 为改造后效果，对 5 台给水泵的入口管道支吊架均采用此类方法进行了加固。

图 6　结合面上出现较大缝隙

图 7　改造后加固

4. 二抽至加热蒸汽母管左侧弹性支撑，已经压至底部，失去应有支撑至底部、失去应有支撑作用（见图 8，图 9 为设计图纸）。

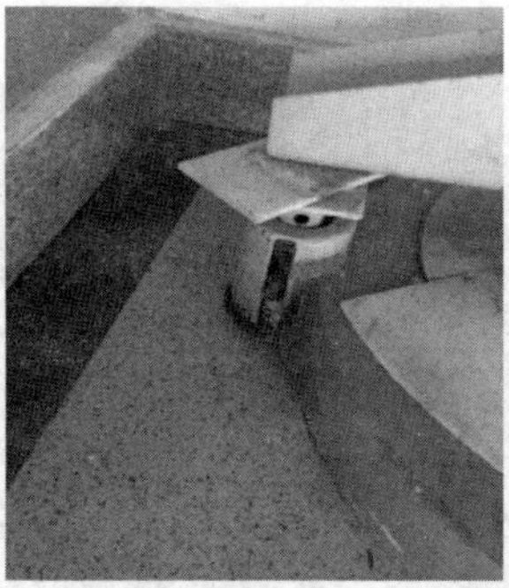

图 8　弹性支撑失效

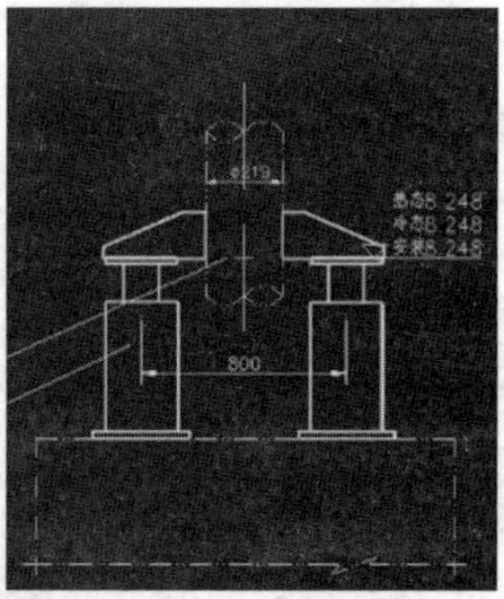

图 9　设计图纸

改造方案：对于此类问题，采取更换支吊架的方法进行处理（图 10）。

图 10　更换支吊架后效果

5. 主蒸汽管道弹性支撑出现轻微变形，生根处出现轻微裂缝，支吊架出现了安全隐患（图 11、图 12）。

图 11　吊架丝杆已变形

图 12　生根处墙体已经开裂

改造方案：对于此类支吊架，应采取拆除原有支吊架、重新设置支吊架位置的方法进行解决（图 13、图 14）。

图 13　新增滑动支架侧面加抱柱

图 14　新增滑动支架正面

【事故原因】

1. 设计相关支撑时，没考虑足够的余量，运行时或遇变工况产生的应力大于额定设计，加速了支撑结构老化或变形。

2. 支吊架或支撑结构购买时验收不符合规范或存放现场时间过长，安装时未按要求检查，导致不满足正常使用。

【防范措施】

1. 核算图纸时，需留有足够的余量。

2. 安装前与安装后都应对支吊架进行针对性检查与验收。

3. 运行后，冷热态都应对支架进行检查核对，及早发现问题并处理。

4

环化典型事故及异常事件篇

案例 47　厌氧罐酸化事故

【简述】

某厂在全厂大修期间，对垃圾池内壁进行修补，基本清空了垃圾池内熟化垃圾，该厂恢复生产后，大量新鲜生活垃圾进入垃圾池，因垃圾未经长期熟化发酵，且冬季气温较低，所以初期发酵效果不佳，导致了渗滤液原液水质大幅波动，pH 降至 4.5 以下，碱度降至 0，有机酸浓度升高 12 000 mg/L，水质数据严重偏离厌氧生物反应器设计进水指标，使得厌氧生物反应器 COD 去除效率急剧下降，并伴随沼气产量下降，最终引发渗滤液处理站大幅减产。

【事故经过】

2018 年 12 月，在大修期间，锅炉全部停运，蒸汽断供，厌氧反应器在没有蒸汽加热的情况下，从 35℃降至 20℃以下。全厂大修完成后，渗滤液系统厌氧反应器按照正常操作流程开始对厌氧反应器进行加热升温，以激活厌氧微生物活性。经过 5 天的加热升温，厌氧反应器温度升至 30℃时开始进水调试，过程记录如下：

1. 事故现象。

（1）厌氧罐进水 pH 持续下降，碱度降至 0，pH 降至 4.3。

（2）沼气产量未见上升，连续检测沼气中甲烷浓度，含量始终低于 45%。

（3）厌氧消化液 pH 始终维持在 7.2 以下。

（4）厌氧消化液 VFA 增高，大于 0.5（当 VFA/ALK＞0.3，即视为酸化，VFA/ALK＞0.5，视为严重酸化），一直维持在严重酸化状态。

（5）ORP（氧化还原电位）值上升，高于 −300 mV。

（6）厌氧消化液出水 COD 持续维持较高值，高于设计值 2 倍。

（7）厌氧反应器出水有明显异味。

（8）厌氧罐因无蒸汽加热导致无法升温，消化液温度始终维持在22℃左右。

2. 事故过程。

（1）12月21日，1#厌氧罐开始进水调试，进水量控制在1m^3/h，此时厌氧反应器pH为7.65，有机酸浓度为450 mg/L，碱度为11 200 mg/L，厌氧出水COD浓度为4 100 mg/L，循环管污泥浓度为11 g/L，各项参数均处于正常状态。

（2）12月23日，1#厌氧罐沼气母管的压力逐渐升高至1.2 kPa，沼气产量逐步增加。化验1#厌氧罐出水水质，COD浓度为4 600 mg/L，pH为7.64，数据正常，则将1#厌氧进水量提升至2 m^3/h。

（3）12月26日，化验1#厌氧罐出水水质，COD浓度为5 800 mg/L，pH为7.58，此时厌氧温度已升至33.8℃，数据正常，因此将1#厌氧罐进水量提升至3 m^3/h，此后按每日增加0.5 m^3/h的速度提高进水量。

（4）12月28日，1#厌氧罐进水量已升至4 m^3/h（满负荷为7 m^3/h），化验1#厌氧罐出水水质，pH为7.39，COD浓度为9 800 mg/L，初步判定负荷提升过快，有机酸积累过多，厌氧反应器内甲烷菌受到抑制，因此将1#厌氧罐进水量降至2 m^3/h观察，待第二天取样分析。

（5）12月29日，化验1#厌氧罐出水水质，pH为7.18，COD浓度为12 100 mg/L，已出现明显酸化现象，因此立即停止1#厌氧罐进水并进一步进行水质检测，1#厌氧罐出水有机酸浓度5 100 mg/L，碱度8 600 mg/L，同时对调节池渗滤液、原液池渗滤液检测，pH分别为4.19、4.32，有机酸浓度均超过12 000 mg/L，碱度均为0，据此判定异常原因为原水水质严重偏离设计值。

（6）12月30日—1月6日，因厌氧反应器酸化采取生化池消化液小流量持续置换1#厌氧反应器内活性污泥的方式，将1#厌氧反应器内COD浓度降至6 000 mg/L以下，有机酸降至1 500 mg/L以下。与此同时向调节池内投加片状氢氧化钠，将调节池内渗滤液pH调整至6.5。

（7）1月7日，重新恢复1#厌氧进水，控制在1 m^3/h，并密切关注循环管内有机酸浓度、碱度以及pH。

（8）1月8—10日，连续三天检测1#厌氧罐出水水质，COD浓度均在6 000～6 500 mg/L，有机酸浓度未出现上涨，碱度恢复至9 100 mg/L；据此1月

10 日上午，将 1# 厌氧罐进水提升到 2 m^3/h。

（9）1 月 10—20 日，持续向调节池内投加片状氢氧化钠，控制调节池内 pH 在 6.0 以上，并逐步将 1# 厌氧罐进水量提升至 4.5 m^3/h，每日检测 1# 厌氧出水指标，pH 恢复至 7.51，有机酸浓度始终控制在 3 000 mg/L 以下，碱度恢复至 9 500 mg/L, 出水 COD 浓度控制在 8 500 mg/L 以内，至此 1# 厌氧反应器基本恢复正常。

（10）垃圾池内垃圾经过一个多月的发酵熟化，1 月 29 日检测渗滤液原液，pH 恢复至 5.8，碱度升高至 6 000 mg/L，垃圾池原液水质基本恢复正常因此停止投加片碱。

（11）锅炉启动恢复蒸汽供应后开始对厌氧反应器加热升温，激活厌氧微生物活性，经过 5 天的加热，厌氧反应器温度升至 30℃，化验各项指标基本恢复正常，缓慢提升 1# 厌氧罐进水量，逐步恢复 1# 厌氧罐正常运行。

【事故原因】

1. 渗滤液原液化验频次设置不合理。

每月对渗滤液原液的化验次数偏少，致使渗滤液原液水质指标异常时未能及时发现。在渗滤液原液水质突变，严重偏离设计进水指标时，仍然按照正常水质指标进行厌氧反应器进水调试恢复工作，造成有机酸积累，导致厌氧反应器酸化。

2. 厌氧反应器微生物量少活性差，蒸汽加热投入不及时。

全厂大修期间，对 1# 厌氧罐进行了清空检修，检修结束恢复时需重新接种活性污泥，较正常运行情况下污泥量大幅减少且微生物活性差，另外大修期间锅炉停炉蒸汽停供，厌氧反应器温度降至 20℃以下。在加热蒸汽投入，厌氧反应器升温过程中厌氧反应器内微生物活性仍未被完全激活，抗冲击负荷能力较差，此时应按照初始调试措施进行，缓慢驯化调试启动，不能按照低温停运后的热启动方式恢复。

3. 厌氧反应器检修后恢复过程中检测指标不全面。

厌氧反应器检修后接种恢复时，对厌氧反应器指标分析不全面，只对反应器监测数据 COD 浓度、pH、污泥浓度进行了重点关注，未对罐内有机酸、碱度进行监测，未能及时发现厌氧罐酸化从而在厌氧酸化初期未能采取及时补救措施，最终导致厌氧反应器严重酸化，处理水量大幅降低。

【防范措施】

1. 重新修订《渗滤液化验管理制度》。垃圾池原液化验频次不低于每周 2 次；在厌氧反应器稳定负荷运行时，对厌氧反应器循环管及厌氧反应器出水污泥浓度、碱度、有机酸、pH、COD 化验频次不低于每周 2 次；夏季渗滤液丰水期以及大修后调试恢复期，厌氧反应器处于曾负荷阶段时，对碱度、有机酸、pH、COD 不低于每天 1 次，直至厌氧反应器达到稳定负荷运行。

2. 加强化验员业务能力培训。化验员是整个渗滤液系统的“医生”，其必须了解整个渗滤液处理工艺流程；具有高超的专业技能，保证检测数据的准确性、真实性、及时性，并对检测数据变化要敏感并对其进行分析提供专业意见的能力。

3. 升温恢复阶段及曾负荷阶段，需持续关注反应器内有机酸浓度及碱度指标，确保 VFA/ALK＜0.3；升负荷必须根据反应器内 COD、碱度、有机酸指标综合考虑进行缓慢提升，切不可盲目追求快速提高处理负荷，在系统稳定的情况下，日处理负荷提高速度控制在设计值的 10%～15% 为宜。

4. 全厂大修后，特别是垃圾池大面积清空后，再次恢复生产时，需持续关注垃圾池原液指标，必要时采取投加片状氢氧化钠方式调节原液至 pH＞5.5，或者大流量厌氧出水回流稀释，或生化池污泥回流补充碱度的形式，确保厌氧反应器 pH 不低于 7.5。

案例 48　渗滤液超滤膜系统堵塞事故

【简述】

某厂在渗滤液调试期间，PLC 控制系统发生故障超滤系统运行参数显示出现异常，联锁保护停机未动作，超滤膜系统未能及时停机冲洗，活性污泥在超滤膜内继续浓缩，使得超滤膜管严重堵塞，检修期超过了 7 天，造成渗滤液处理量大幅减少。

【事故经过】

2017 年 9 月 15 日，10：05，某厂运行值班员监盘发现 1# 超滤循环流量、循环压力、进水流量及回流量量参数均显示黄色感叹号，于是判断为 1# 超滤通讯中断，运行值班员立即前往现场查看设备状态，发现 1# 超滤循环泵已停运，1# 超滤进水流量显示为 85 m^3/h，产水浮子流量计显示流量为 0，确定 1# 超滤循环泵异常停止，立即采取紧急停机操作，操作记录如下：

1. 10：08，现场运行值班员报告控制室操作人员 1# 超滤循环泵已停运，但超滤进水泵仍在运行，需要立即紧急停车。

2. 10：09，现场运行值班员切换操作方式为“就地控制”进行紧急停运，并执行 3 次手动冲洗操作，过程中发现冲洗流量偏低，于是手动启动循环泵，执行循环清洗操作，当循环泵频率升至 45 Hz 时，循环流量显示 180 m^3/h，较正常流量低 70 m^3/h，同时发现清洗罐内回流液中含有大量浑浊的消化液，初步判断 1# 超滤膜膜管污泥堵塞，随即停止循环清洗，并将情况汇报水处理。

3. 10：17，水处理专工到达现场，紧急解除弯头进行检查，发现 1# 超滤膜膜孔已出现大面积堵塞，于是立即申请 1# 超滤停运检修。

【事故原因】

1. 渗滤液 1# 线调试期间配电室内同时有其他电气设备调试工作，调试单位工作人员未将配电室门窗始终保持关闭状态，由于夏季室外环境温度较高，导致配电室室内空调制冷效果不佳，引起超滤循环泵变频器报过热故障，循环泵因变频器故障停机。

2. 保护逻辑不完善，调试单位在对超滤系统进行一键启停编程时，着重设置了“工艺启停步续逻辑”，但“保护参数逻辑”比较欠缺，仅将超滤进水流量、压力异常保护以及超滤产水箱高液位停机保护参数引入逻辑保护中，未对超滤循环流量、循环压力以及循环泵启停信号进行设置考量，从而造成系统发生异常后，其未按正常流程及时停机冲洗。

3. 在 1# 超滤循环泵由于变频器温度高导致故障停机前，1# 超滤系统 PLC 通讯发生意外中断，中断原因为 1# 超滤通讯电缆部分线路与动力电缆铺设距离不符合安全距离，从而造成通讯干扰数据丢失，控制画面参数显示黄色感叹号。

【防范措施】

1. 夏季气温较高时，值班巡检应密切关注配电室室内温度情况及时启动空调制冷系统，始终保持配电室门窗处于关闭状态；为保障配电室保温隔热效果，应提前对光照强度较高的采光部位加装窗帘，避免阳光直射。

2. 完善超滤系统控制保护逻辑，保护逻辑必须引入超滤循环流量、循环压力、进水流量、回流流量、进水压力、回流压力、产水流量、运行温度、高液位停机，以及主设备启停信号等参数，确保系统数据出现异常时，能及时自动停机并冲洗，避免污泥阻塞膜超滤膜管、超温损坏膜元件等不必要的事故发生。

3. 通讯电缆应选择带屏蔽层的铠装型电缆，铠装层两端必须接地并严格按要求安装；通讯电缆与动力电缆在同一电缆沟道铺设时，应沿电缆沟两侧分开布线，确保通讯电缆与动力电缆间距不小于 30 cm。

4. 加强运行人员相关知识技能培训，提高运行监视及巡检水平，对重点发热设备加强监视管理，做到提前发现、提前处理，避免造成事态扩大化。

5. 在公司内部组织学习，从设计、设备选型、安装调试等方面，检查梳理本单位相关设备、文件。对发现的问题应及时采取措施，预防同类事故再次发生。

案例 49　盐酸泄漏事故处理

【简述】

某厂的渗滤液污水处理站设有两座 15 m^3 盐酸储存罐，储存盐酸的浓度为 31%。罐体为 FRP 玻璃钢，盐酸储罐设有压力式远传液位计及就地液位计。就地液位计材质为有机玻璃，该液位计因老化破损，导致盐酸发生泄漏，值班运行人员及时发现并采取有效措施防止事故扩大。

【事故经过】

2016 年 2 月 20 日 09∶30，该厂检修人员更换 2# 盐酸罐液位计（玻璃管老化模糊看不清），由于粘胶未干，检修人员留检修交底如下：“16∶00 前不得开启液位计隔离阀，开启液位计隔离阀需检修人员在场。” 17∶20 运行人员与检修人员一起到现场打开 2# 盐酸储罐液位计隔离阀，恢复 2# 盐酸储罐液位计，但恢复后未发现有异常情况。此后运行人员多次经过现场并查看均未发现异常。17∶50 运行人员巡视时闻到酸碱区域有刺鼻的盐酸气味，检查发现 2# 盐酸储罐液位计底部有小股盐酸呈四射状流出，随即通知主控制室。相关人员立即赶到现场进行紧急处理。

事故处理过程：值长接通知到达现场查看泄漏情况时，值班员已用自来水喷洒稀释泄漏部位，由于盐酸泄漏太快，现场的酸雾在短短几分钟内就扩散开来。值长看到酸雾扩散随即使用自来水向空中喷洒以吸收酸雾防止酸雾扩散太快，并向赶到现场的值班员下令要求其立即返回控制室拿应急安全箱及生化防护服。

由于漏酸速度较快，加上不断的喷水，酸罐底槽内已经有 10 cm 左右的盐酸积液。自来水喷洒吸收酸雾的方式已经不能压制酸雾的扩散。值班员穿上生化防护服、雨靴，并戴上呼吸器、橡胶手套和护目眼镜下到 2# 盐酸罐液位计的位置进行检查，同时值长用自来水驱散通道酸雾并不断用水喷洒在值班员身上。值班员到达漏点后，立刻关闭液位计底部隔离手阀，将漏点进行隔离。

现场人员继续用自来水喷洒现场，并启动酸槽井泵来抽出盐酸。直将盐酸稀释冲洗到没有酸雾冒出，确认现场安全后，值班员许可检修人员入场进行检查维修。经检查发现液位计底部玻璃管断裂，检修人员将玻璃管拆除，暂时用原来拆下来的旧液位计替代。

【事故原因】

1. 备件采购后长期不用，导致其过期老化。
2. 备件更换前未确认其材质保质期。

【防范措施】

1. 备件更换前应检查其是否超过保质期。
2. 应合理采购备件防止长期不用出现过期老化。
3. 加强备品、配件管理，应定期维保、检查。

案例 50　竖流沉淀池厌氧污泥泵振动大原因分析

【简述】

某厂渗滤液厌氧竖流沉淀池内部结垢未及时清理，垢块掉落堵塞竖流沉淀池厌氧污泥泵入口导致系统振动无法正常运行。

【事故经过】

2016 年 1 月 24 日，某厂因进行更换竖流沉淀池厌氧污泥泵机封、补焊管道沙眼检修工作，所以将竖流沉淀池厌氧污泥泵停运、清空竖流沉淀池并执行了冲洗、通风等安全措施。1 月 25 日，检修人员更换好竖流沉淀池厌氧污泥泵机封并处理好竖流沉淀池厌氧污泥泵管道沙眼。检修工作完成后运行人员充水试验未发现有漏。因竖流沉淀池厌氧污泥泵出口管道内结垢十分严重，所以 1 月 26 日该厂对竖流沉淀池厌氧污泥泵出口管道进行酸洗，工作结束后运行人员启动竖流沉淀池厌氧污泥泵试运时发现软连接后管道振动非常大，因此停止试运。

1 月 30 日，运行人员按专工要求试运竖流沉淀池厌氧污泥泵，设备启动后检查发现泵电流较高且泵出口管道振动很大，运行人员将泵出口阀适度关小后管道振动减小，泵运行电流液下降至正常。随后运行人员停运竖流沉淀池厌氧污泥泵，转交检修人员清理竖流沉淀池厌氧污泥泵回流管道及阀门。

2 月 1 日，运行人员启动竖流沉淀池厌氧污泥泵，检查发现泵出口流量小且管道振动大；运行人员接自来水管线反冲后重新启动正常。运行人员按运行交底启动竖流沉淀池厌氧污泥泵往污泥池打水 1 h 后切换至循环回流管往厌氧 C 和 D 罐回流，切换至回流管路后运行人员监盘发现竖流沉淀池厌氧污泥泵电流逐渐上升，运行人员怀疑往厌氧 C、D 罐回流管有堵塞情况，因此打开往 A 罐回流阀，泵运行电流无下降仍较高，现场检查发现竖流沉淀池厌氧污泥泵出口管道振动很大，所以运行人员停运该泵。

2月2日，运行人员启动竖流沉淀池厌氧污泥泵查找原因，启泵检查发现该泵泵体及出口管道振动均很大，运行人员适度关小泵入口阀，振动无变化，当适度关小泵出口阀后振动变小，保持该泵当前进、出口阀开度继续运行观察。运行一段时间后，振动未改变运行人员全开竖流沉淀池厌氧污泥泵出口阀，该泵运行电流9.8A，正常，泵体及出口管道振动不大。继续运行一段时间后电流逐渐升高至14A，已超正常运行电流，运行人员停运该泵。

2月3日，运行人员打开竖流沉淀池往污泥池阀门，排泥15 min后启动竖流沉淀池厌氧污泥泵，运行电流7.6 A，保持当前状态运行。

2月4日，运行人员巡检发现竖流式沉淀池厌氧污泥泵出口管道振动大，该泵出口阀及膨胀节连接法兰螺栓已被振的松脱。运行人员活动该泵进出口各阀门，并对入口管段进行冲洗操作后重新启动，振动仍较大，运行人员打开往污泥池排泥阀门后振动略降但仍很大，当运行人员打开往调节池排泥阀门后振动减小基本恢复正常，运行人员判断竖流沉淀池厌氧污泥泵出口管路阀门处有堵塞，因此运行人员反复开关活动各阀门后振动恢复正常，电流正常，维持当前状态继续运行。

2月6日，运行人员巡检发现竖流沉淀池厌氧污泥泵振动十分大，检查系统排查原因，检查发现竖流沉淀池顶部呼吸孔阀未开，打开后启动竖流沉淀池厌氧污泥泵，电流正常，振动略有减小但仍不能维持正常运行。运行人员将情况汇报专工，专工留下运行交底“每天启动竖流沉淀池往调节池打水20 min，以防止污泥沉积堵塞管道”。

【事故原因】

厌氧污泥泵机封漏水已有较长时间，并有逐步加大趋势，1月24日，检修停竖流沉淀池厌氧污泥泵前泵出口管也有振动（主要是厌氧污泥泵出口阀后调节池顶部部分），但运行电流为6.5A左右，正常。24日检修工作更换了竖流沉淀池厌氧污泥泵机封，并且检修人员在改泵入口管上增加了进口二次阀、出口管上增加了出口阀及膨胀节，如图1所示。检修工作结束，启动该泵后就出现振动大、电流高的现象。

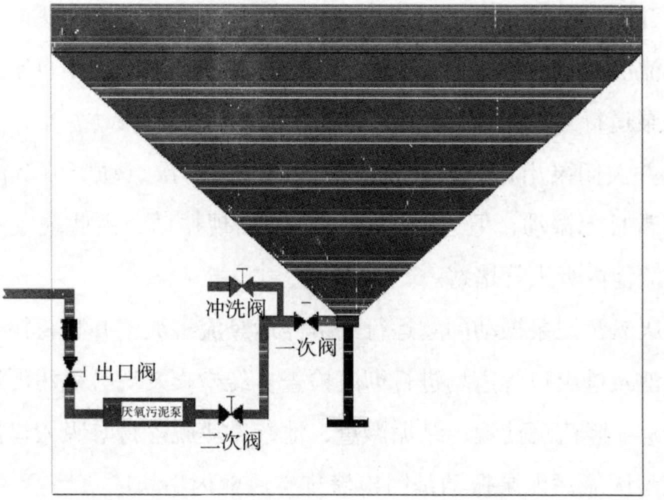

图 1

1 月 24 日检修工作前，竖流沉淀池厌氧污泥泵偶尔也有振动大的情况，但与现在相比还是小很多，以往振动大基本都是因出口管道至厌氧循环管堵塞引起。本次检修前回流厌氧罐情况下运行电流基本稳定为 6.5～6.8 A，运行稳定不会波动上升。

本次检修后至今振动大无法解决，现分析原因如下：

1. 管道堵塞回流不畅。

竖流沉淀池厌氧污泥泵出口到厌氧循环管这段管道有堵情况。运行人员先关闭至各厌氧罐的回流阀，然后依次打开、关闭至各厌氧罐回流阀，打开至 A、B、C 罐回流阀后电流下降、振动减小，但打开至厌氧 D 罐回流阀时电流无变化，管道振动变大因此判断至 D 罐回流管道有堵塞现象。

螺杆泵与离心泵结构不同、工作原理也不相同。离心泵进出压力流量是稳定不变的，当出口压力、流量大幅波动时，离心泵泵内气体未排净或已发生汽蚀。螺杆泵运行时出口压力及流量不会像离心泵一样稳定成一条直线，其往往都都会有小幅的波动。另外，螺杆泵入口压力可以为负压，更有利于工质进入，这点与离心泵不同，离心泵入口必须是正压，否则泵就会发生汽蚀现象。

2. 厌氧污泥泵进口管道堵塞。

为检查故障原因运行人员做了如下实验：关闭竖流沉淀池厌氧污泥泵进口一

次手阀，打开二次手阀及出口阀，在厌氧污泥泵一次、二次手阀间冲洗管接自来水，启动竖流沉淀池厌氧污泥泵运行正常，打开一次手阀关闭自来水阀竖流沉淀池厌氧污泥泵运行约 5 min 后开始振动，打开自来阀后振动变小，且自来水管有变形；停运并关闭泵出口阀反冲入口管，冲洗后再次启动竖流沉淀池厌氧污泥泵，运行正常且无振动，但运行 10 min 后又出现振动，由此现象判断一次手阀前管道或沉淀池内吸入管堵塞。

为解决厌氧污泥泵振动问题运行人员停运竖流沉淀池并且将污泥抽空，对整个竖流沉淀池及进出口管道均进行彻底检查。经检查发现厌氧污泥进出口管道正常结垢不严重，竖流沉淀池内结垢严重，池壁垢块脱落将泵吸入口掩埋。检查确定竖流沉淀池厌氧污泥泵振动是因检修排空后池内垢块脱落堵塞了泵的吸入口，导致进水量不足引起振动。检修人员彻底清理竖流沉淀池内积垢，加强膨胀节固定支撑，并清洗泵出口管道，更换部分结垢严重阀门。检修工作结束后重新启动竖流沉淀池厌氧污泥泵，其运行正常且管道无振动现象，只是水流往个别厌氧罐回流时管道会有轻微振动。

【防范措施】

1. 定期排泥降低竖流沉淀池内污泥浓度。

2. 定期检查清理竖流沉淀池积垢，厌氧污泥泵进、出管道的积垢。

案例 51　脱色膜过滤器进酸故障分析

【简述】

某厂脱色膜过滤器金属滤网被酸腐蚀损坏，滤筒因酸腐蚀穿孔，导致脱色膜故障停运。经检查确认是加酸系统设计不合理，改进后系统恢复正常。

【事故经过】

2016 年 2 月 12 日值班员巡检发现脱色膜过滤器筒体有沙眼，地面积存少量渗漏出的脱色原液，滤袋进、出口阀呈打开状态，排污阀和排气阀呈关闭状态。值班员通知检修人员处理。

2 月 13 日，检修人员检修时发现滤筒内充满酸雾、内部金属滤网已被腐蚀损坏不能使用，检查系统发现强化反应器也呈酸性，多方寻找原因，均无果，于是用消防水冲洗进膜前所有管道。冲洗脱色膜进水管路（强化反应器到滤筒段管线），冲洗完成后恢复安全措施；检查管路未发现有漏酸现象，初步判断是脱色膜长期未运行内部存水的时间太长引起酸化或加酸管路残留的酸液流进管道中导致。

2 月 14 日，值班员再次检查脱色滤筒时发现仍有酸雾，检查强化反应器 pH 正常。对强化反应器、滤筒及高压泵前管道进行彻底冲洗，冲洗水 pH 为 7 时结束冲洗，并关闭加酸管道手阀。

2 月 15 日，检修人员对脱色膜过滤器滤筒漏洞进行补焊，工作结束后恢复安全措施，测得滤筒内水的 pH 为 6～7，正常；重新打开加酸管手阀。测得脱色膜过滤器滤筒内 pH 为 1，有酸漏入系统，关闭脱色加酸计量泵出口阀门。冲洗干净。

2 月 16 日，值班员检查脱色膜滤袋负压，发现排空阀引出太长排不出气体，把塑料管去掉后正常，测量滤筒内 pH 为 7 正常。值班员检查脱色膜过滤器，发现滤筒内液体又呈酸性，pH 为 3。值班员检查脱色加酸泵时发现脱色加酸泵排气阀有大量酸流出，此时一段纳滤 2# 酸计量泵正在运行，进一步检查发现此时二段纳滤及二段腐殖酸酸计量泵排气阀同样有大量酸流出；再次试验分别启动二段纳滤、二段腐殖酸及脱色加酸泵，发现另外两台泵排气阀处有酸流出，只是流量较小。

【事故原因】

1. 滤筒负压形成虹吸。

（1）打开过滤器进出口阀、关闭排污阀和排气阀时，因为滤筒有沙眼，所以滤筒内水会慢慢流出，造成滤筒内负压把酸罐内酸吸过来。

（2）因为脱色膜过滤器滤筒排气管太长，且其位置太低，更换滤袋及恢复时先关闭排气阀后关闭滤筒放水阀形成了负压，把酸罐里的酸虹吸过来，造成滤筒进酸形成酸雾。

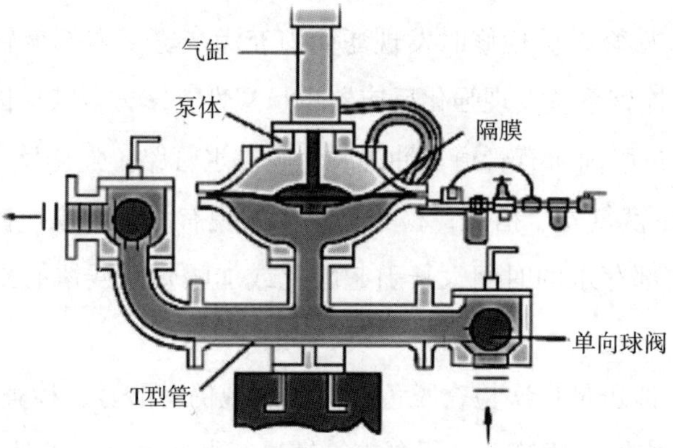

图 1　隔膜泵结构原理图

从图 1 中可以看出，加酸泵进出口的逆止阀作用只是防止脱色膜系统内的溶液倒流。并且酸泵是隔膜泵，当电机不启动时它可视作为一个管道。脱色膜系统加酸点位于进水泵后至滤筒之间的架空管道上，当脱色膜过滤器滤筒内出现负压时，会形成虹吸现象将酸从加药点吸至滤筒内。

2. 进酸母管容积小，不能吸收酸泵运行时的能量冲击。

如图 2 所示，所有加酸泵的入口采用同一个母管取酸，隔膜泵在运行时不如离心泵进出口流量连续稳定，而是间歇性一股一股的投加，因此在母管中形成类似水击的水锤。水锤形成的能量没有地方释放就会从未运行的泵处释放。所以即便一个加酸泵运行，母管也会不断地产生冲击力，泵的流量越大形成的冲击也越大。所以，当一段纳滤加酸泵运行时，脱色膜加酸泵出口排气阀会有酸从排气管流出且流量较大，当一段腐殖酸运行时流量会较小。

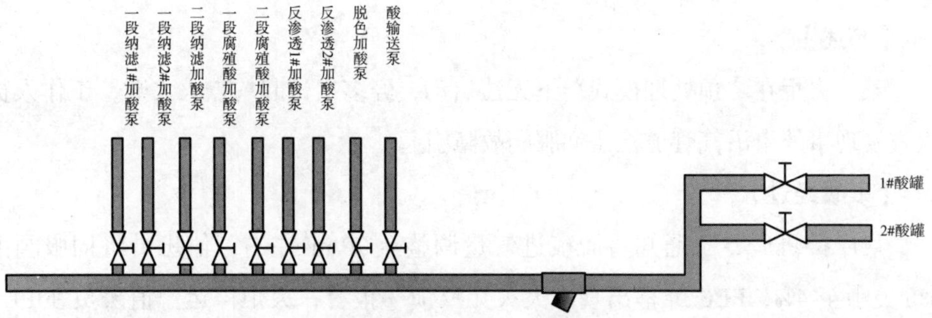

图 2　加酸泵入口示意图

由此得知，当其他膜组运行而脱色膜停止运行时，由于加酸泵未隔离，酸会由脱色膜加酸泵入口送到脱色膜系统管道中。只要脱色膜不运行、加酸泵不隔离时，任何一台加酸泵运行就会变成脱色系统加酸泵。其他膜组也应存在同样的现象，只是停运时间短变化不大或还未发现。

【防范措施】

1. 改进操作。

在更换滤袋时先打开排气阀再打开排污阀，在恢复时先关闭排污阀再关闭排气阀。各膜组更换完滤袋后，不关闭滤袋排气阀，因为这样防止滤筒漏水从而使滤筒出现负压。

2. 母管加装蓄能器。

在加酸泵入口母管加装脉冲阻尼器，用以吸收加酸泵运行时产生的能量冲击。

案例52　火炬预处理模式无法启动故障分析

【简述】

某厂火炬在“预处理模式”下无法启动，经多次试起均点火失败，工作人员检查发现事故由沼气管道稳压伺服阀故障引起。

【事故经过】

某厂接班后专工通知将脱硫进气量调整至 70 m^3 左右，值班员将伺服阀由5% 关小至 4%，PLC 屏幕出现“大火无反馈”报警，火炬停运。值班员在 PLC 选择“预处理模式”重新启动，PLC 出现“点火失败”报警。值班员尝试降低风机出口压力、切换风机方式启动，PLC 均出现“点火失败”报警火炬仍无法启动，值班员通过就地百叶窗观察证实确实未点着火，但点火器正常，有火花。值班员检查设置参数及阀门均正常，随后经过多次试起均因“点火失败”启动不成功，于是通知检修人员现场检查。

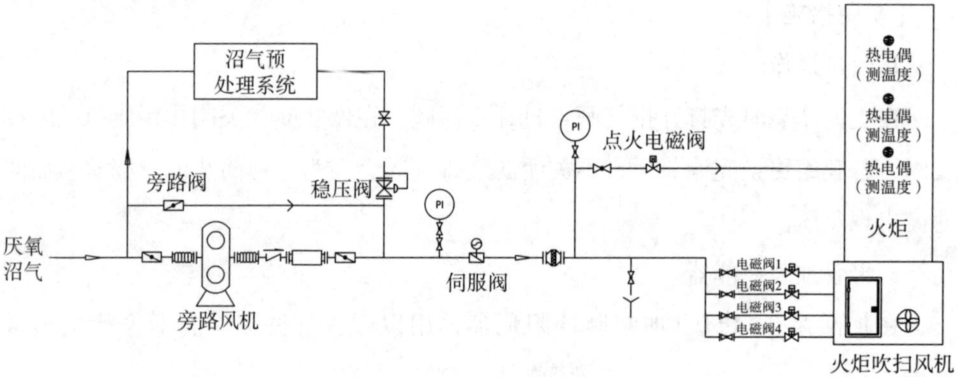

沼气火炬处理图

检修人员对点火变压器、高压线路进行检查确认均正常，于是怀疑点火电磁阀不动作，将点火管路拆开后，手动打开火炬点火电磁阀后管道有气体排出，确认点火电磁阀动作正常。

值班员打开旁路阀，选择“旁路模式”试起启火炬（未启旁路风机），点火成功。关停火炬，再次在“预处理模式”下启动，PLC 出现“点火失败”报警，启动不成功。值班员打开预处理进气管放空阀，脱硫、预处理有流量显示，启动预处理打开预处理出口排空阀，脱硫、预处理有流量显示，因此判断预处理过滤器及预处理阻火器未堵塞，预处理系统正常。

关闭旁路阀，启动预处理，伺服阀前压力为 2.2 kPa、伺服阀后压力为 0、预处理出口压力为 2.7 kPa，手动将伺服阀由 0 逐步开至 100%，伺服阀前、后压力及预处理出口压力均无变化，脱硫及预处理无流量显示，打开火炬电磁阀组前管道底部疏水阀，无气体排出，初步判断，故障是因为预处理气体无法到达火炬致使火炬预处理模式下点火不成功。再次做以下试验检查：在“旁路模式”下启动火炬（未启旁路风机），开 1# 电磁阀，伺服阀开度为 20%；运行稳定后，打开预处理出口至火炬手阀，预处理及脱硫均有流量显示并逐步上升至 450 m^3 左右，逐步关小旁路阀，预处理出口压力上升，风机频率及流量降低，完全关闭后火炬熄火。

为保证脱硫系统运行，采用如下方式启动：在“旁路模式”下启动火炬（未启旁路风机），点火成功后由于气柜气位高，因此打开 1# 电磁阀，手动将伺服阀开至 45%，运行稳定后启动预处理，调整预处理风机出口压力至 2.7 kPa，打开预处理出口阀约 50%，关小旁路阀（旁路风机）至 50%，脱硫进气量为 106 m^3 左右。从火炬电磁阀前管道疏水阀处测得火炬烧的应是脱硫气体。调整伺服阀开度、旁路阀开度（旁路风机）、打开 3# 电磁阀，脱硫及预处理流量均无变化。微开旁路阀，预处理及脱硫显示流量上升，关小则显示流量下降。

经过一系列检查，初步判定是稳压伺服阀出现故障，预处理气体无法到达火炬致使火炬在预处理模式下点火不成功。检修拆检稳压伺服阀时发现膜片破裂，更换新膜片后在“预处理模式”下启动火炬，点火成功。

【事故原因】

1. 稳压阀维护保养不到位。

未对稳压伺服阀制订维护保养计划，检查不到位，阀体内部隔膜片出现老化破损情况。

2. 稳压伺服阀不适用于沼气。

沼气中含有硫化氢，该气体对阀体及部件材质有腐蚀性。

【防范措施】

1. 制定稳压伺服阀维护保养计划，定期检查隔膜片，根据老化情况更换。

2. 更换适合沼气介质使用的阀型。

案例 53　雾化器振动偏高事件

【简述】

某厂 #1、#2、#3 炉雾化器自投运后，轴振动高，频繁跳闸。

【事故经过】

2018 年 1 月某厂 #1、#2、#3 炉雾化器投入自动运行模式后，因轴振动高，频繁跳闸。跳闸现象有三种，分别为：

第一个现象：雾化器投运初期运行状态良好，无异常，轴振动速度在 2～3 mm/s。运行一段时间后，雾化器轴振动逐渐升高至 12 mm/s，触发雾化器中级报警，15 min 后如未及时消除报警，雾化器跳闸。

第二个现象：雾化器投运初期运行状态良好，无异常，振动速度在 2～3 mm/s。运行一段时间后雾化器突然跳闸，经检查发现为雾化器过电流保护动作，导致雾化器直接跳闸。

第三个现象：雾化器在执行自动冲洗的程序时，在雾化器升降转速的过程中，雾化器过电流保护跳闸。

检修人员将跳闸雾化器吊出检查，发现雾化盘底部中心点往外形成锥形结垢，并且该垢很难用柠檬酸溶解，判断垢层主要成分为氢氧化钙或碳酸钙。

【事故原因】

1. 设计原理。

（1）烟气采用半干法脱酸 + 干法脱酸工艺去除烟气中的酸性气体，半干式反应塔核心部件为西格斯旋转雾化器。

（2）进入半干法反应塔前，烟气经过蜗壳和分配器整流，形成旋转向下的烟气流。雾化器分配盘将石灰浆液注入雾化盘。雾化盘高速旋转产生的离心力使石灰浆液形成的小颗粒与烟气充分接触。

（3）雾化盘旋转方向与烟气流动方向相反，使石灰浆液与烟气充分接触。

2. 主要运行参数。

轴承温度	中级报警 50℃，高级报警 55℃
线圈温度	中级报警 115℃，高级报警 130℃
冷却水温	温度在 25～29℃
振动速度	初级报警 8 mm/s，中级报警 12 mm/s
功率	74 kW
转速	8 000～12 000 r/min
旋转方向	顺时针
雾化盘自重	9.5 kg

3. 跳闸原因分析。

（1）处理过程分析。

①雾化器跳闸后，检修人员发现雾化盘底部普遍存在结垢现象，垢的形态呈锥形。

②结垢层密度较大，垢层坚硬。经柠檬酸浸泡雾化盘后垢层较难溶解，无法有效清理。

③雾化器在高速旋转过程中，突然关闭石灰浆液且雾化器转速直接下降容易造成雾化器过载跳闸现象。

④雾化盘底部结垢清理后，再次投入雾化器运行，满足运行要求。

通过以上分析，初步判断雾化器跳闸可能是由雾化盘底部结垢导致。当结垢层初始形成阶段，雾化盘底部中心点垢量还较少，雾化盘动平衡未失效，对雾化器振动影响较小。随着运行时间加长，锥形垢形成后雾化盘动平衡破坏，在高速旋转下容易造成过载跳闸。雾化盘底部中心点往外形成锥形结垢，垢块增加雾化器的负载，致使雾化器在运行过程中突然出现过流现象，触发雾化器保护跳闸。

（2）基于以上理论分析，进行如下验证试验：

①对生石灰来料进行严格控制，对化验不合格的生石灰给予退回处理。

②调整雾化器运行，将雾化器自动冲洗改为手动冲洗，由运行人员每天手动

冲洗一次。

③调整雾化器转向，让雾化盘转向与烟气流向一致。

④调整雾化器运行方式，将自动冲洗程序改为人工手动冲洗，对石灰浆量调整做出要求禁止浆液调节门大开、大关现象。

经过以上措施观察雾化盘结垢情况，雾化器转向更改后雾化盘底部结垢形式随即改变，雾化盘结垢形式由锥形结垢变为松散结垢，雾化器手动甩盘操作可以有效地将垢块进行清理，保证雾化器的稳定运行。

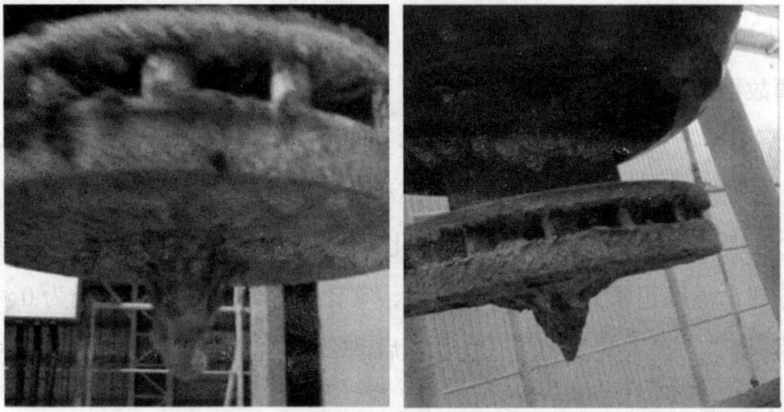

雾化器跳闸后，检查发现雾化盘底部结垢

【防范措施】

1. 加强生石灰质量管理。

2. 备用 2 个雾化盘。

3. 将雾化器振动参数加入声光报警系统。

4. 实现雾化器在线调整转速，调整相关运行方式。

案例 54　半干法雾化器轴承温度报警处理

【简述】

某厂半干法脱酸选用西格斯高速旋转雾化器，自投运至今已两年有余，雾化器最常出现的问题为轴承温度高报警。

【事故经过】

某厂的半干法雾化器转速设置为 8 000 r/min，内冷水为 80% 除盐水加 20% 防冻液，DCS 端主要监控轴承温度、震动、冷却水温度、报警等参数。

2020 年以来，主控室多次出现雾化器“轴承温度高”报警，轴承温度大于 55°，冷却水温度正常，运行 15 min 后，雾化器自动跳闸，转速降为 0，过程中振动值不变。运行人员现场查看发现，启动冷却水泵后，冷却水箱无回水或回水流量很小。

【事故原因】

1. 冷却水排查。

雾化器跳闸后，检修人员立即将雾化器从保护套筒中吊出，放至专用平台上，将所有管道正常连接（石灰浆管可不连接），然后将机械柜至快接总成段的降温水管的进水管和回水管对接。启动雾化器冷却水泵，可发现冷却水箱的回水管中冲出大量锈蚀物和杂质，冲洗一段时间后，停运冷却水泵，再将快接总成段至雾化头段的冷却水进水管和回水管连接，启动冷却水泵，冲洗干净。运行人员将冷却水箱中的水全部置换为干净的除盐水，再次冲洗冷却水管，如回水管中无杂质，即可正常投入使用，如回水管中仍存在大量杂质，需重复上述过程。

2. 试运检查。

检修人员处理后，运行人员再次投入雾化器，现场观察可发现冷却水箱回水流量为半管或满管回水，DCS 画面无报警，轴承温度一般夏天为 40～45℃，冬天为 30～35℃，雾化器稳定运行，具体见图 1、图 2。

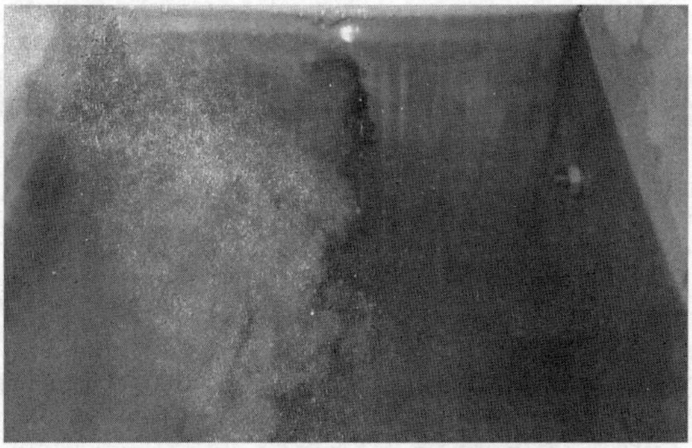

图 1 清理前的冷却水箱

图 2 清理后的冷却水箱

3. 事故原因。

冷却水箱中的水由于长时间循环使用，导致水质劣化，水中含有很多锈迹杂质。杂质被冷却水泵吸入循环管路后，造成管路堵塞，尤其在快速接头内的滤网处更容易堆积，造成堵塞。当管路堵塞后，冷却水无法到达雾化器轴承处无法起到冷却作用，轴承温度不断升高，大于 55℃后，出现报警跳闸问题。

【防范措施】

1. 定期清理冷却水管道。

2. 将冷水水箱清理纳入日常维护项目。

案例 55　半干式反应塔腐蚀事件

【简述】

某厂检修时发现半干式反应塔筒体倾斜，拆除筒体保温后检查，筒壁厚度严重减薄，局部地方出现贯穿性腐蚀。

【事故经过】

某厂采用高速旋转半干法脱酸，反应塔顶部高度为 26.65 m，筒体底部高度为 16.65 m，筒体竖直高度为 10 m，直径为 8.5 m，钢板壁厚为 8 mm，筒体中间位置距顶部 5 m 处设置一个垂直筒体外侧宽度为 100 mm 的加强筋。在 2018 年 3 月年度检修期间，环化专工发现 3 台反应塔筒体加强筋上下 2 m 范围内筒壁厚度平均约 2 mm，且有部分区域有断裂、扭曲、腐蚀穿孔等现象，肉眼观测筒体上部出现倾斜情况。

因半干式反应塔属于大型设备且位置较高，上述现象表明反应塔筒体上部存在倾斜、坍塌等安全隐患。

【事故原因】

造成半干式反应塔筒体加强筋处腐蚀的原因可能有以下几点：

1. 半干式反应塔为垃圾发电厂进行烟气脱酸的设备，烟气中的酸性气体对筒壁钢铁有腐蚀作用。

2. 旋转雾化器喷出的石灰浆液对筒壁的长期冲刷使其磨损。

3. 半干式反应塔筒体上部烟温约 200℃，筒壁内侧积灰结焦后，受热不均匀导致鼓包或加速筒壁钢铁的化学腐蚀等。

4. 半干式反应塔筒体上部悬挂受力及下部支撑受力等受力不均。

5. 干法脱酸减温水喷入位置不合理，造成湿壁引起的腐蚀。

【防范措施】

1. 反应塔筒体定期测厚，发现减薄，及时修复。

2. 重新焊接强度及厚度符合要求的钢板，修复了原筒体的漏点且增加了强度。

3. 安装后的钢板及原有钢板去焦清灰后刷耐 300℃高温的有机硅防腐漆，加强了筒体内壁的防腐能力。

4. 对筒体增加一套外骨架，使用 13 根 #10 槽钢，每根长度 10 m，等距离竖着安装在筒体中间外壁，作为筒体的加强筋，增强了筒体强度，如图 1 所示。

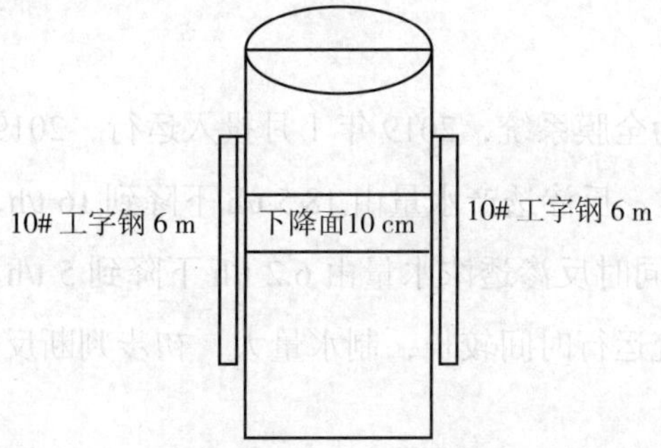

图 1　反应塔筒体加强筋

5. 优化干法脱酸减温水喷入位置。

案例 56　除盐水系统一级反渗透水质异常事件

【简述】

某厂化学制水系统一级反渗透产水量降低，产水电导率逐渐上升，浓水量减少，压力降低。

【事故经过】

某厂化学制水为全膜系统，2019 年 1 月投入运行，2019 年 11 月，生产人员发现反渗透产水异常，反渗透产水量由 18.5 t/h 下降到 16 t/h，电导率由 4.5 μS/cm 上升到 8.5 μS/cm，同时反渗透浓水量由 6.2 t/h 下降到 5 t/h。因为电厂处于基建期，用水量大，系统运行时间较长，制水量大，初步判断反渗透膜污染，需要化学清洗。

【事故原因】

反渗透装置污染主要原因是被超滤没有截留的一些污染物质所造成的，还有可能是还原剂的投加量不当引起，系统所用的还原剂一般为亚硫酸氢钠，目的是还原水中的余氯，1 ppm 的余氯需要 1.47 ppm 的还原剂还原。还原剂投加量根据氧化还原电位（ORP）值来进行调整，一般调整范围为 150～250，过高或过低对反渗透膜及末端 EDI 都会造成不良的影响，容易污堵和氧化模块。

每套一级反渗透装置回收率≥75%，脱盐率 97%，某厂配置 BW30FR-400 反渗透膜 24 支，分别安装在 4 根 FRP 压力容器中，3：1 排列。出现产水电导率较平常有所升高，降后检查 #1 一级反渗透段间压力，发现一级反渗透进口压力稍有降低，判断一段、二段的 18 支膜可能污染，需进行清洗。

【防范措施】

1. 预处理的部分一定要做好，要注意污染指数必须合格。还要进行杀菌和消毒，防止微生物会滋生。

2. 反渗透设备运行的时候，要适当调整压力，增加压力会造成膜的压实。

3. 反渗透设备运行的时候，保持盐水的紊流状态，减轻膜表面上的浓度差，以免发生膜表面会有盐析出。

4. 反渗透设备停止工作的时候，短期用药冲洗，长期选择用甲醛保护。

5. 产水量变少的时候，表示膜结垢或者是污染了，必须进行化学清洗。

6. 定期进行原水分析，要根据具体原水的情况，选择适合的阻垢剂的用量。

7. 反渗透设备异常的时候，应立刻停止运行，避免发生事故。

反渗透装置是电厂除盐水系统的重要装置，要保证其良好的运行状态，需保证前端预处理系统。

附录
《南方电网公司反事故措施》有关条目

序号	设备类别	反事故措施	首发年份	备注
1.1.1	变压器	变压器压力释放阀的动作接点应接入信号回路，不得接入跳闸回路	2015	
1.1.2	变压器	变压器气体继电器应配置耐腐蚀材质防雨罩，避免接点受潮误动	2015	
1.1.3	变压器	变压器交接、大修和近区或出口短路造成变压器跳闸时应进行绕组变形试验，防止因变压器绕组变形累积造成的绝缘事故。禁止变压器出口短路后，未经绕组变形试验及其他检查试验就盲目将其投入运行。对判明线圈有严重变形并逐渐加重的变压器，应尽快吊罩检查和检修处理，防止因变压器线圈变形累积造成的绝缘事故	2015	
1.1.9	变压器	运行巡视中（特别是在雨季及气温变化较大的天气时）要加强对 110 kV 及以上主变油面温度计、绕组温度计等内部是否存在凝露情况的检查，防止由于凝露导致接点短路而引起变压器跳闸	2015	
1.1.10	变压器	针对运行超过 15 年的 110 kV 及以上老旧变压器，应根据每年核算的主变可能出现的最大短路电流情况，对主变抗短路能力进行校核，对最大短路电流超标的主变，应及时落实设备风险防控措施	2015	
1.2.3	电抗器	对新建变电站的干式空芯电抗器，禁止相间采用叠装结构，避免电抗器单相事故发展为相间事故	2015	

续表

序号	设备类别	反事故措施	首发年份	备注
1.3.3	电压互感器	电磁式电压互感器谐振后（特别是长时间谐振后），应进行励磁特性试验并与初始值进行比较，其结果应无明显差异。严禁在发生长时间谐振后，未经检查就合上断路器将设备重新投入运行	2015	
1.5.1	蓄电池	新建的厂站，设计配置有两套蓄电池组的，应使用不同厂家的产品，同厂家的产品可根据情况站间调换	2015	
1.5.3	蓄电池	蓄电池组配置电池巡检仪的告警信号应接入本站监控系统	2015	
1.5.4	蓄电池	明确针对运行中不合格蓄电池组处理原则：发现个别电池性能下降或异常时，应对单只电池采取电池活化措施，电池活化成功并投运 3 个月后，再次对电池进行容量试验，如若不满足要求，则视为该单只电池已出现故障；核对性充放电时，当蓄电池组达不到额定容量的 80% 时，应更换整组蓄电池	2015	已纳入《电力设备检修试验规程》（Q/CSG 1206007—2017）
1.6.2	GIS 及断路器	GIS 设备穿墙管筒严禁用水泥进行封堵，应采用非腐蚀性、非导磁性材料进行封堵	2015	
1.6.12	GIS 及断路器	开关设备（包括隔离开关）机构箱、汇控箱内应有完善的驱潮防潮装置，并确保驱潮防潮装置可靠工作，防止凝露造成箱内零部件锈蚀和二次设备损坏	2015	
1.9.6	其他变电设备	变电站内 10 kV 及 35 kV 设备中为限制雷电过电压、操作过电压，应采用金属氧化物避雷器，不宜使用过电压保护器	2015	
1.9.7	其他变电设备	220 kV、110 kV 主变压器低压侧套管与低压侧母线连接母线桥应全部采用绝缘材料包封，防止小动物或其他原因造成变压器近区短路	2015	
2.1.12	变压器	新采购的 110 kV 及以上变压器套管，其顶部若采用螺纹载流的导电头（将军帽）结构，需采取有效的防松动措施，防止运行过程中导电头（将军帽）螺纹松动导致接触不良引起发热	2017	已纳入变压器技术规范书通用部分

续表

序号	设备类别	反事故措施	首发年份	备注
2.5.2	GIS 及断路器	110 kV 及以上 GIS 设备外壳在开展红外测温过程中，如发现三相共筒的罐体表面、三相分筒的相间罐体表面存在大于或等于 2K 的温差时，应引起重视，并采取其他手段进行核实排查	2017	已纳入检修试验规程
2.5.8	GIS 及断路器	1. 对隔离开关分合闸位置进行划线标识。 2. 在倒闸操作过程中应严格执行隔离开关分合闸位置核对工作的要求，通过“机构箱分/合闸指示牌、汇控箱位置指示灯、后台监控机的位置指示、现场位置划线标识确认、隔离开关观察孔（ELK-14 型 GIS 隔离开关自配）可视化确认”，明确隔离开关分合闸状态	2017	
2.8.1	接地设备	对于新建变电站的户内地下部分的接地网和地下部分的接地线应采用紫铜材料。铜材料间或铜材料与其他金属间的连接，须采用放热焊接，不得采用电弧焊接或压接。土壤具有强腐蚀性的变电站应采用铜或铜覆钢材料	2017	
2.9.1	其他变电设备	严禁采用铜铝直接对接过渡线夹	2017	
2.9.2	其他变电设备	新建高压室应配置空调用以控制温度和抽湿，高压室应做好密封措施，通风口应设置为不用时处于关闭状态的形式，防止设备受潮及积污。运行中的高压室应采取防潮防尘降温措施，必要时可安装空调	2017	
2.9.4	其他变电设备	变变低 10 kV（20 kV）侧母线连接母线桥应全部采用绝缘材料包封（可预留接地线挂点），防止小动物或其他原因造成变压器近区短路	2017	
2.9.5	其他变电设备	新建或扩建变电站内的交流一次设备线夹不应使用螺接接线夹	2017	
2.9.8	其他变电设备	新采购的户外 SF6 断路器、互感器和 GIS 的充气接口及其连接管道材质应采用黄铜制造	2017	已纳入相关设备技术规范书

续表

序号	设备类别	反事故措施	首发年份	备注
2.9.9	其他变电设备	新建、扩建及技改工程变电站 10 kV 及 20 kV 主变进线禁止使用全绝缘管状母线	2017	
2.9.10	其他变电设备	新采购的开关类设备，继电器接点材料不应采用铁质，继电器接线端子、紧固螺丝、压片应采用铜材质	2017	已纳入开关技术规范书
2.10.2	变电运行	若变电站站用电保护或 380 V 备自投具备跳进线 380 V 断路器功能，站用低压侧 380 V 开关应取消低压脱扣功能	2017	
2.10.3	变电运行	GIS（HGIS）设备间隔汇控柜中隔离开关、接地开关具备“解锁/联锁”功能的转换把手、操作把手，应在把手加装防护罩或在回路加装电编码锁	2017	
5.1.1	配网类设备	严禁 PT 柜内避雷器直接连接母线	2017	
5.1.4	配网类设备	同沟敷设两回及以上有中间接头的中压电缆，或与其他管线同沟敷设且有中间接头的中压电缆（穿管或直埋电缆除外），电缆中间接头应采取防火防爆措施	2017	
5.1.6	配网类设备	禁止低压导线使用裸导线	2017	
6.1.3	继电保护	厂站新投运设备的二次回路（含一次设备机构内部回路）中，交、直流回路不应合用同一根电缆，强电和弱电回路不应合用同一根电缆	2017	
6.1.7	继电保护	新投运设备电压切换装置的电压切换回路及其切换继电器同时动作，信号采用保持（双位置）继电器接点，切换继电器回路断线或直流消失信号，应采用隔离刀闸常开接点启动不保持（单位置）继电器接点 电压切换回路采用双位置继电器接点，而切换继电器同时动作信号采用单位置继电器接点的运行电压切换装置，存在双位置继电器备用接点的，要求结合定检完成信号回路的改造；无双位置继电器备用接点的，结合技改更换电压切换装置	2017	

续表

序号	设备类别	反事故措施	首发年份	备注
6.1.9	继电保护	1. 采用油压、气压作为操作机构的断路器，压力低闭锁重合闸接点应接入操作箱。 2. 对断路器机构本体配置了操作、绝缘压力低闭锁跳、合闸回路的新投运保护设备，应取消相应的串接在操作箱跳合闸控制回路中的压力接点。断路器弹簧机构未储能接点不得闭锁跳闸回路。 3. 已投运行操作箱接入断路器压力低闭锁接点后，压力在正常情况下应能保证可靠切除永久故障（对于线路保护应满足“分—合—分”动作要求）；当压力闭锁回路改动后，应试验整组传动分、合正常	2017	
6.1.10	继电保护	采用弹簧储能断路器机构多次重合隐患整（调继〔2016〕10号）：采用弹簧储能的非三相机械联动机构的断路器，线路保护（含独立重合闸装置，以下同）需要投入三重（或综重、特重）方式时，原则上只考虑单相偷跳启动重合闸功能，应退出线路保护“三相跳位启动重合闸”功能；无退出线路保护“三相跳位启动重合闸”功能的，应将“弹簧未储能接点”接入的线路保护“压力低闭锁重合闸”开入回路	2017	
6.5.1	电力监控系统	尚未按《南方电网电力监控系统安全防护技术规范》完成安全分区改造及公网采集安全接入区建设的各级计量自动化主站系统，2017年年底应完成主站安全分区改造及安全接入区建设。	2017	已纳入《南方电网电力监控系统安全防护技术规范》
6.5.2	电力监控系统	尚未按《南方电网电力监控系统安全防护技术规范》完成安全分区改造的各级电力设备在线监测主站系统，2017年年底应完成主站安全分区改造	2017	已纳入《南方电网电力监控系统安全防护技术规范》

续表

序号	设备类别	反事故措施	首发年份	备注
6.5.5	电力监控系统	尚未按《南方电网电力监控系统安全防护技术规范》完成安全区Ⅱ纵向加密改造的各级厂站系统，2018年年底应完成各级厂站安全区Ⅱ纵向加密改造	2017	
6.5.6	电力监控系统	尚未实现安全防护监视及审计功能的地级及以上主站，2017年年底前应完成系统安全监视及审计功能建设	2017	已纳入《南方电网电力监控系统安全防护技术规范》
6.5.8	电力监控系统	排查电力监控系统入侵检测系统、病毒防护措施、防火墙、主要网络设备的冗余配置等情况，2017年年底应完成主站缺失的安全防护设备的部署	2017	
6.5.9	电力监控系统	2017年6月30日前各级主站、厂站应按作业指导书的要求，配置生产控制大区专用U盘及专用杀毒电脑，变电站端应配备杀毒U盘，拆除或禁用不必要的光驱、USB接口、串行口等，按流程严格管控移动介质接入生产控制大区、严禁出现跨区互联等违规情况	2017	
2.2.1	电抗器	对运行中的干式空心电抗器，其表面有龟裂、脱皮或爬电痕迹严重现象的应进行全包封防护工艺技术处理	2018	
3.1.6	输电类设备	新建110 kV及以上输电线路采用复合绝缘子时，绝缘子串型应选用双（多）串形式。运行线路更换单串复合绝缘子时参照执行	2018	
6.2.3	通信装置	OPGW光缆引下线安装应满足《电力通信光缆安装技术要求》（DL/ T 1733—2017）要求，光缆进站投地采用可靠接地方式时，引下光缆应至少两点接地，接地点分别在构架顶端、下端固定点（余缆前），并通过匹配的专用接地线可靠投地：光缆引下应每隔1. 5～2 m安装一个引下线夹，保证引下光缆与杆塔或构架本体间距不小于50 mm	2018	

续表

序号	设备类别	反事故措施	首发年份	备注
6.5.7	电力监控系统	按照《电力监控系统 Windows 主机改造工作方案》的要求落实电力监控系统 Windows 主机改造工作，按计划 2020 年年底前完成	2018	
6.5.8	电力监控系统	变电站运维班组配置具有病毒免疫能力的专用安全 U 盘，并按计划在监控后台等主机部署 U 盘管控软件，从技术上确保只有认证的专用安全 U 盘才能正常接入，按计划 2018 年年底前完成	2018	
6.5.9	电力监控系统	按国家要求开展调度数字证书系统、纵向加密认证装置、反向隔离装置等设备使用 SM2 等国密算法的改造，按计划 2020 年年底前完成	2018	
2.1.11	变压器	新建工程 SF6 气体绝缘套管在出厂及交接时需在跳闸气压下进行额定运行电压下的绝缘试验	2019	
2.1.12	变压器	（1）真空分接开关应定期开展油室绝缘油检测（含油色谱）油枕呼吸管路、非电量保护装及吊芯检。 （2）油浸式真空有载分接开关轻瓦斯报警后应暂停调压操作并对气体和绝缘油进行色谱分析，根据分析结果确定恢复调压操作或进行检修	2019	
2.10.4	变电运行	微机防误闭锁装置应具备检修隔离功能，即在检修期间（特别是多工作面作业时），闭锁检修隔离面一次设备操作功能，以防止误向检修设备送电；同时检修工作面设备的操作则不受闭锁，检修隔离管理功能退出时，应不影响防误闭锁软件的正常运行。微机防误闭锁装应配置检修隔离管理器、检修隔离授权钥匙以及实现检修隔离管理的软件系统	2019	
2.10.5	变电运行	取消变电站五防电脑钥匙单一固定密码测试解锁功能；新投入运行的五防电脑钥匙，应采用动态密码加硬件的方式进行测试解锁，其硬件应纳入解锁钥匙进行管理	2019	

续表

序号	设备类别	反事故措施	首发年份	备注
6.1.13	继电保护	一、新投运保护装置软错误自检应满足以下要求： 1. 装置上电后对内存中不变的数据具备监视的功能。 2. 采用“保护 + 保护双 CPU”架构宜具备并使用内存校验功能，采用“保护 + 启动双 CPU”架构应具备并使用内存功能。 3. 当装置监视到内存数据异常时，记录异常并采取恢复措施。 二、存在软错误风险的 220 kV 及以上存量保护版本，各省（区）应根据 2019 年发布保护软件版本开展相关排查工作及设备运行风险评估，并结合停电、定检按轻重缓急开展设备软件版本升级工作	2019	
6.5.10	电力监控系统	尚未按《国家能源局关于印发电力监控系统安全防护总体方案等安全防护方案和评估规范的通知》（国能安全〔2015〕36 号）、《南方电网电力监控系统安全防护技术规范》等要求完成配网终端防护、纵向加密认证等合规性改造或缺失的防护设备部署的单位，2020 年年底应完成改造和部署工作	2019	
6.5.11	电力监控系统	电力监控系统主站及厂站主机操作系统完成主机加固，工作开展前需要进行安全评估和验证。按照《关于开展电力监控系统清朗网络空间创建活动的通知》（系统〔2018〕41 号）的要求落实“三清除两关闭，三规范两加强”的各项措施	2019	
6.5.12	电力监控系统	按照《电力监控系统 Windows 主机改造工作方案》的要求落实电力监控系统 Windows 主机改造和移动介质技术管控工作，按计划 2020 年年底前完成	2019	

注：序号为《南方电网公司反事故措施》文件中的编号。